L'EXPOSITION

FORESTIÈRE INTERNATIONALE

DE 1884

A ÉDIMBOURG (ÉCOSSE)

APERÇU DE LA SITUATION FORESTIÈRE

DES PAYS QUI Y ÉTAIENT OFFICIELLEMENT REPRÉSENTÉS

(Grande-Bretagne, Inde et Colonies britanniques,
Danemark, Japon)

PAR E. REUSS

INSPECTEUR ADJOINT DES FORÊTS
RÉPÉTITEUR A L'ÉCOLE NATIONALE FORESTIÈRE

PARIS

BERGER-LEVRAULT ET Cⁱᵉ, LIBRAIRES ÉDITEURS

5, RUE DES BEAUX-ARTS, 5

MÊME MAISON A NANCY

1886

L'EXPOSITION

FORESTIÈRE INTERNATIONALE

DE 1884

A ÉDIMBOURG (ÉCOSSE)

NANCY, IMPRIMERIE BERGER-LEVRAULT ET Cie.

L'EXPOSITION

FORESTIÈRE INTERNATIONALE

DE 1884

A ÉDIMBOURG (ÉCOSSE)

APERÇU DE LA SITUATION FORESTIÈRE

DES PAYS QUI Y ÉTAIENT OFFICIELLEMENT REPRÉSENTÉS

(Grande-Bretagne, Inde et Colonies britanniques,
Danemark, Japon)

PAR E. REUSS

INSPECTEUR ADJOINT DES FORÊTS
RÉPÉTITEUR A L'ÉCOLE NATIONALE FORESTIÈRE

PARIS

BERGER-LEVRAULT ET Cie, LIBRAIRES-ÉDITEURS

5, RUE DES BEAUX-ARTS, 5

MÊME MAISON A NANCY

1886

L'EXPOSITION

FORESTIÈRE INTERNATIONALE

DE 1884

A ÉDIMBOURG (ÉCOSSE)

AVANT-PROPOS

1. Situation forestière de l'Angleterre et de ses colonies.
— Les Iles Britanniques ne produisent pas de bois, ou, du moins,
elles n'en fournissent à la consommation qu'une quantité minime.
Les forêts proprement dites, c'est-à-dire celles qui sont traitées en
vue de la matière ligneuse, y ont à peu près disparu, sauf en Écosse ;
et, même dans ce dernier pays, la propriété boisée n'occupe qu'une
surface assez restreinte. Elle avait d'ailleurs presque été anéantie
à une certaine époque, et elle provient aujourd'hui, pour une bonne
partie, de repeuplements artificiels exécutés depuis environ un
siècle seulement.

Par contre, l'immense empire colonial soumis aux Anglais renferme des massifs à côté desquels les plus vastes forêts de l'Europe
occidentale ne sont que d'insignifiants bosquets. En outre, les ports
du Royaume-Uni reçoivent chaque année, de tous les points du
globe, des cargaisons énormes de poutres, de planches et de ma-
driers. Pour le volume, ces arrivages annuels représentent près de
sept fois la quantité de bois d'œuvre que l'on tire, en France, des
forêts soumises au régime forestier, et ils ont, en argent, près de

sept fois aussi la valeur de ce rendement tel qu'il est coté sur les marchés[1].

C'est, en effet, en Angleterre, mieux que partout ailleurs, que se vérifie la loi économique mise en lumière par M. Broilliard, à savoir que la consommation du bois d'œuvre, loin de diminuer au fur et à mesure que celle de la houille et du fer augmente, progresse en même temps que cette dernière.

2. Origine de l'Exposition d'Édimbourg. — Il n'y a donc pas lieu de s'étonner que l'idée d'une exposition internationale, consa-

---

1. D'après l'*Annuaire d'économie politique et de statistique* de M. Maurice Block pour 1882 (Paris, Guillaumin et Cie, 1882), les importations du Royaume-Uni se sont élevées, en 1881, aux chiffres suivants, en ce qui concerne les bois :

Bois équarris. . . .	1,900,000 *loads,*	valant	4,800,000 livres sterl.
Bois sciés et parés.	3,700,000 —	—	9,200,000 —
Douves.	100,000 —	—	600,000 —
Acajou.	42,000 tonnes —		400,000 —
		Total.	15,000,000 livres sterl.

Comme le *load* équivaut à 50 pieds cubes, soit 1^{mc},416, et la tonne à 40 pieds cubes, soit 1^{mc},132, on peut admettre que les quantités énoncées ci-dessus deviennent en mètres cubes et en francs :

Bois équarris. .	2,690,400 m. c.	valant	120,000,000 fr.
Bois sciés . . .	5,239,200 —	—	230,000,000
Douves.	141,600 —	—	15,000,000
Acajou.	47,500 —	—	10,000,000
Totaux. . .	8,018,700 —	—	375,000,000 fr.

Ces marchandises proviennent d'arbres ayant au moins 0^m,30 de diamètre à la base.

Or, d'après M. Broilliard (cours professé à l'École forestière), la quantité de bois d'œuvre de même catégorie *produite* annuellement en France par les forêts soumises au régime forestier peut être évaluée, en nombre rond, à 2,400,000 mètres cubes *en grume,* qui représentent, après équarrissage, un volume de 1,200,000 mètres cubes, obtenu par le cubage au $^1/_5$ déduit.

Enfin, en se fondant sur des évaluations émanant de la même autorité, on peut calculer approximativement la valeur sur les marchés de cette même production de la façon suivante :

600,000 m. c. en grume de chêne à 40 fr., ci. .	24,000,000 fr.
600,000 — — de bois feuillus divers à 20 fr., ci.	12,000,000
1,200,000 m. c. en grume de bois résineux à 20 fr., ci.	24,000,000
Ensemble : 2,400,000 m. c.	60,000,000 fr.

crée exclusivement au bois et à sa production, ait pris naissance et ait été réalisée pour la première fois chez un peuple dont l'activité industrielle dépasse celle de toutes les autres nations considérées séparément.

L'entreprise dont il s'agit est née de l'initiative d'un certain nombre de notables écossais parmi lesquels nous citerons M. F. N. Menzies, secrétaire de la Société d'agriculture d'Écosse, et M. le Dr Hugh F. C. Cleghorn, ancien conservateur des forêts à Madras et actuellement professeur de botanique à l'université de Saint-Andrews.

Ces promoteurs de l'œuvre constituèrent un *Comité exécutif* qui, après avoir donné la présidence de l'exposition au très honorable marquis de Lothian, et la vice-présidence à sir James Gibson-Craig, baronet, eut soin de se placer sous le patronage de S. M. la Reine, de la famille royale, des principaux représentants de la noblesse, de hauts dignitaires de la Couronne, de membres du Parlement, de sociétés savantes, en un mot de personnalités éminentes de tous ordres.

Enfin le Comité exécutif s'adjoignit un *Comité général*, comprenant près de 200 membres choisis parmi les fonctionnaires supérieurs et les spécialistes les plus distingués du Royaume-Uni, les gouverneurs des possessions britanniques, les agents forestiers coloniaux, les consuls et autres notabilités des pays étrangers.

3. Installation matérielle. — L'exposition organisée avec le concours de toutes ces bonnes volontés a été installée à l'extrémité occidentale d'Édimbourg, dans un vaste terrain dépendant de l'hôpital de Donaldson et situé sur le prolongement de *Prince's Street*, la principale rue de la ville. L'emplacement était fort bien choisi, car il joignait à l'avantage de n'être ni trop restreint ni trop excentrique, celui de se trouver à la fois près d'une gare de chemin de fer (*Haymarketstation*) et sur le parcours d'une ligne de tramway. On devait prévoir, d'ailleurs, que l'esprit si pratique de nos voisins d'outre-Manche, se révélerait dans les facilités d'accès données au public comme dans toutes les dispositions prises pour satisfaire le visiteur le plus exigeant au point de vue du confort.

Le local de l'exhibition se composait de deux parties. A droite

de l'entrée principale se dressait un grand bâtiment en bois, de
200 mètres de long sur 20 mètres de large, d'une architecture assez
simple mais non disgracieuse.

Il présentait à ses deux extrémités et en son milieu comme trois
transepts reliés eux-mêmes, du côté du Nord, par une galerie latérale
parallèle à la nef principale. L'emploi du bois dans la construction
d'un édifice destiné à loger des produits forestiers était le fait d'une
heureuse inspiration, et l'énorme quantité de poutres et de planches
d'épicéa et de pin mises en œuvre pour la circonstance montrait
le rôle important que peut jouer la matière ligneuse, même dans le
pays le mieux pourvu de richesses métallurgiques. — A gauche de
l'entrée principale, dans un enclos d'environ 4 hectares de superficie, on avait élevé divers pavillons : les uns abritaient des objets
exclus, faute de place, de la grande halle ; les autres constituaient
eux-mêmes des articles du catalogue. Ces édicules étaient entourés
de plates-bandes et de massifs où les pépiniéristes d'Écosse avaient
placé les spécimens des innombrables essences forestières, indigènes
et exotiques, qui prospèrent dans la région, grâce au climat maritime dont elle jouit. L'ensemble formait une sorte de parc où la
foule se pressait pendant les belles journées qui ont marqué l'automne de l'année 1884.

4. Double aspect de l'Exposition. — Il ne faut pas se dissimuler,
du reste, que l'Exposition forestière d'Édimbourg, outre son côté
scientifique et industriel, avait un côté artistique et commercial
qui a, peut-être, contribué autant que l'autre au succès de l'entreprise. Le jardin était illuminé plusieurs fois par semaine au moyen
de lampes électriques et de verres de couleur ; des corps de musique
s'y faisaient entendre l'après-midi ou le soir ; un petit train de
chemin de fer, mû par l'électricité, permettait aux visiteurs d'essayer
d'un nouveau mode de locomotion ; enfin, parmi les objets étalés
dans les galeries, un grand nombre, tels que des pianos, des
tableaux à l'huile, des bijoux, n'avaient que des rapports très
éloignés avec les différentes branches de la sylviculture.

C'est qu'il est indispensable, pour attirer le grand public dans
une exposition scientifique quelconque, et pour la faire réussir,
de procurer aux visiteurs des distractions et des amusements. Qui

sait même si les hommes spéciaux, venus uniquement dans l'intention de se renseigner et de s'instruire, ne seraient pas les premiers à regretter l'absence de tout hors-d'œuvre dans l'arrangement des étalages ? Après quelques heures consacrées à l'étude d'un groupe ou d'une section, l'observateur le plus zélé n'éprouve-t-il pas le besoin de se récréer à la vue d'objets divers qui lui fassent oublier un instant ses travaux professionnels ?

5. Écueils évités. — Mais, si le Comité exécutif de l'Exposition d'Édimbourg a dû payer à la faiblesse humaine le tribut dont il vient d'être question, il a, par contre, résisté à une tendance à laquelle on est peut-être trop disposé à obéir, même dans les pays où l'exercice du droit de chasse n'appartient pas aux gérants des domaines boisés. Nous voulons parler de la propension qu'on a à donner, dans les expositions forestières, une place considérable aux trophées cynégétiques, au risque de faire croire, ce qui a déjà eu lieu, qu'administrer les forêts consiste surtout à y chasser. En parcourant les galeries de la *Forestry-Exhibition,* nous avons vu fort peu de traces de la connexité, d'ailleurs incontestable, qui existe entre la sylviculture et la vénerie. Il n'y a guère à mentionner, dans cet ordre d'idées, que la magnifique collection de têtes d'animaux sauvages, tels que tigres et rhinocéros, réunie par les soins de M. le colonel Michael, qui est bien connu dans l'Inde comme destructeur de fauves. Et pourtant les forestiers des colonies britanniques, appelés à traverser sans cesse, le fusil sur l'épaule, de vastes territoires giboyeux où la chasse est une nécessité autant qu'un plaisir, eussent été excusés à coup sûr s'ils avaient profité de la circonstance pour exhiber en masse les preuves matérielles de leurs exploits.

L'espèce de culte que les Anglais rendent aux grands arbres les a aussi empêchés de faire de trop larges concessions au goût qui porte le public vers tout ce qui est gigantesque et extraordinaire. Les colosses végétaux, si nombreux en Grande-Bretagne, ont été laissés religieusement sur pied, au milieu des forêts et des parcs dont ils sont la gloire et l'ornement, et la plupart des rondelles de dimensions exceptionnelles envoyées à Édimbourg provenaient de sujets brisés par le vent ou arrivés au terme extrême de leur longévité.

6. Examen méthodique de l'Exposition. — Après cet aperçu général de l'Exposition et de ses origines, nous allons procéder à l'examen détaillé de ses différentes parties, en nous attachant surtout à en dégager deux groupes de faits :

D'abord ceux qui nous ont paru intéressants au point de vue scientifique et, par suite, susceptibles de contribuer au progrès de la sylviculture dans notre pays;

Ensuite ceux qui nous ont semblé propres à renseigner les industriels et les commerçants français sur la nature et la provenance des produits qu'ils ont à demander à l'étranger.

Pour entreprendre cette étude avec méthode, nous passerons successivement en revue les diverses puissances représentées à l'Exposition, en partageant même, au besoin, un grand État en ses régions naturelles constitutives. Puis, dans chacune de ces divisions, nous consacrerons des articles spéciaux aux exposants les plus importants, par exemple aux administrations publiques et aux associations scientifiques. Enfin, lorsque les objets provenant d'un même pays ou envoyés par le même exposant demanderont, en raison de leur nombre ou de leur variété, à être énumérés avec méthode, nous les grouperons de la façon suivante :

Produits forestiers, bruts et manufacturés;

Appareils, instruments et outils employés en économie forestière;

Collections formées dans un intérêt scientifique;

Littératures et cartographie forestières;

Objets divers [1].

7. Concours bienveillant obtenu. — Ces préliminaires posés, nous pouvons entrer dans le cœur du sujet et étudier successivement les envois de différentes contrées qui ont répondu à l'appel du Comité exécutif. Nous commencerons naturellement par le Royaume-Uni de Grande-Bretagne et d'Irlande.

Mais, auparavant, exprimons ici notre gratitude aux nombreuses

---

1. Nous avions d'abord songé à recourir au classement adopté par le Comité exécutif en vue de l'établissement du catalogue. Mais il nous a paru trop compliqué pour être utilisé avec avantage dans un simple compte rendu. Néanmoins, nous croyons devoir le faire figurer aux annexes (voir l'Annexe I), afin qu'on puisse le consulter à l'occasion.

personnes qui, soit pendant notre présence à Édimbourg, soit depuis notre retour à Nancy, ont bien voulu nous aider dans l'accomplissement de notre tâche.

Nous devons des remerciements tout particuliers à M. le Dr Cleghorn. Ce vénérable doyen du corps forestier de l'Inde a daigné se rappeler, dès notre arrivée, les agréables moments qu'il nous avait fait passer en 1881, lors de notre premier voyage en Écosse, et il nous a traité avec une bienveillance paternelle. C'est grâce à ses bons offices que nous avons eu toutes les facilités désirables pour examiner les objets exposés et consulter les documents nécessaires à la rédaction de notre travail.

M. le colonel James Michael, un des organisateurs de la section de l'Inde ; — M. George Cadell, ancien fonctionnaire de l'*Indian Forest Department,* secrétaire de l'Exposition ; — M. Edward Jack, délégué du Nouveau-Brunswick ; — M. F. Meldrum, administrateur des scieries de Johor, ont également eu pour nous des attentions délicates pendant les journées que nous avons consacrées à la visite des galeries.

M. le major Bailey, représentant de l'*Indian office* auprès de l'École de Nancy, et M. Takasima, secrétaire de M. Takeï, directeur général des forêts du Japon, nous ont permis, par les explications qu'ils nous ont données, de rectifier les notes que nous avions prises sur les sections indienne et japonaise.

Enfin, n'oublions pas le digne et excellent colonel Pearson que connaissent, au moins de nom, la plupart des forestiers français et qui, s'arrachant aux douceurs de la retraite, n'a pas hésité à franchir sept cents kilomètres, pour nous faire goûter le charme si justement vanté de l'hospitalité écossaise. On a beau connaître l'extrême bonté de certains hommes, elle tient en réserve des marques d'amitié qui dépassent toutes les prévisions.

CHAPITRE PREMIER

ROYAUME-UNI DE GRANDE-BRETAGNE ET D'IRLANDE

8. Renseignements statistiques.

Étendue totale [1]. . . . . 31,495,100 hectares.
Population. 35,247,000 habitants.

Surface boisée :

Forêts de la Couronne (domaniales) [2]. . . . . . 21,440 hectares.
Forêts de particuliers. . . . . 1,283,350 —

Ensemble. . . . . . . 1,304,790 hectares.

Soit 4 p. 100 de l'étendue totale du territoire.

9. Division du chapitre Ier. — Par application de ce qui a été dit plus haut, nous diviserons ce chapitre en deux articles: l'un consacré à l'Angleterre et au pays de Galles, l'autre à l'Écosse. Quant à l'Irlande, nous n'en parlerons point, car elle n'était représentée à Édimbourg que par deux ou trois envois sans importance. Cet effacement, soit dit en passant, contribue à jeter un jour peu favorable sur la situation économique d'une contrée qui devrait, semble-t-il, chercher dans la production ligneuse, si peu exigeante au point de vue du sol, du climat et du travail, les ressources que, pour différents motifs, elle ne peut demander à la culture agricole et à l'industrie.

---

1. Les renseignements statistiques ci-dessus, ainsi que ceux qui se trouvent en tête des autres parties du présent travail, sont tirés, sauf indication contraire, de l'*Annuaire du Bureau des longitudes pour* 1885 et de la *Statistique forestière d'Allemagne et d'Autriche-Hongrie* du Dr Léo (Berlin, 1874, Jules Springer).

2. D'après sir James Campbell. Voir le *Catalogue officiel de l'Exposition forestière d'Édimbourg*, 1re édition, pages 65-66.

ARTICLE Ier

Angleterre et Pays de Galles.

10. Renseignements statistiques.

Étendue totale. . . . . 15,102,100 hectares.
Population . . . . 25,968,000 habitants.

Surface boisée [1] :

4 p. 100 de l'étendue totale du territoire, soit 604,084 hectares, se répartissant comme il suit :
    Forêts de la Couronne (domaniales). . . . . . . 21,440 hectares.
    Forêts de particuliers . . . . 582,644 hectares.

11. Caractére général de la végétation ligneuse du pays.

— L'Angleterre et le pays de Galles sont loin d'être dépourvus de végétation ligneuse. Les manoirs seigneuriaux sont, en général, ombragés d'arbres séculaires, et tout à l'entour s'étendent parfois des parcs immenses, où les essences forestières de l'Europe et de l'Amérique tantôt se dressent par pieds épars, tantôt se groupent par bouquets. A côté de cela une portion considérable du territoire est occupée par des herbages, que le désir d'abriter les bestiaux contre les chaleurs du jour a fait convertir en véritables prés-bois. Enfin le pays de Galles et certains comtés de l'Angleterre sont des régions montagneuses où la dent des moutons n'a pas encore fait disparaître tous les vestiges des anciennes forêts et où des propriétaires intelligents ont même commencé à en créer de nouvelles.

Néanmoins il faut reconnaître qu'en dehors de l'Écosse on trouve en Grande-Bretagne fort peu de domaines boisés comme ceux que nous sommes habitués à voir sur le continent, et les massifs couvrant plus d'une cinquantaine d'hectares, y sont en petit nombre.

---

1. Faute de renseignements plus précis, nous avons dû, pour obtenir la surface boisée de l'Angleterre et du pays de Galles, admettre qu'elle formait les quatre centièmes du territoire, comme cela a lieu pour l'ensemble du Royaume-Uni.

De plus, l'éducation des arbres ne s'y fait guère en vue de la production ligneuse. Les sujets qui croissent dans les parcs ou dans les pâturages sont, en général, conservés sur pied jusqu'au terme de leur longévité naturelle, quelquefois même au delà, à titre de souvenirs du passé ou d'ornements du paysage, et la presque totalité des bois que l'on consomme en Angleterre vient de l'étranger. Les différents corps de métier achètent directement, dans les entrepôts du littoral, la matière ligneuse qu'ils emploient, et l'industrie du marchand de bois exploitant n'est pas très répandue.

La partie de l'Exposition relative à l'Angleterre proprement dite, devait naturellement se ressentir de ces circonstances, mais ce serait une erreur de croire qu'elle ait manqué d'intérêt.

12. Envois des forêts royales. — Les envois qui ont le plus attiré notre attention provenaient des forêts de la Couronne ou forêts royales (*Royal* ou *Crown Woods and Forests*) [1]. C'est un ensemble de sept domaines boisés d'une étendue totale d'environ 21,000 hectares, administrés par des fonctionnaires dépendant du ministère de l'intérieur (*Home Office*).

Les principaux de ces domaines et les seuls importants sont ceux de Windsor, de New-Forest et de Dean.

13. Forêt de Windsor. — La forêt de Windsor entoure le célèbre château de ce nom. Elle est située à 50 kilomètres environ à l'ouest de Londres, dans le Berkshire, à une altitude de 30 à 60 mètres au-dessus du niveau de la mer. Elle a, en chiffre rond, une surface de 4,000 hectares. C'est plutôt un immense parc qu'une forêt, car on y cherche surtout à charmer les yeux des promeneurs en y élevant de beaux arbres indigènes et exotiques ; aussi les frais d'entretien sont-ils considérables.

L'administrateur du domaine, M. F. Simmonds, qui nous en avait fait si cordialement les honneurs en 1881 lorsque nous l'avons visité sous les auspices de M. le colonel Pearson, avait envoyé à l'Exposition une assez grande quantité d'objets.

---

1. Depuis l'avènement de la reine Victoria, les biens de la Couronne sont administrés pour le compte de l'État, à charge par lui de payer à la souveraine une dotation annuelle de 350,000 livres sterling.

Nous avons particulièrement remarqué 55 sections transversales détachées des tiges à 5 pieds du sol. Les sujets dont elles provenaient appartenaient à la plupart des essences spontanées de l'Angleterre et étaient âgés de 20 à 204 ans. Les plus intéressantes pour nous étaient des rondelles de chênes rouvres ou pédonculés (le catalogue les appelle seulement *English oaks*) qui avaient crû, comme presque tous les chênes d'Angleterre, à l'état d'arbres isolés, ou du moins en massif clair. Par l'épaisseur et la constitution histologique de leurs accroissements, ces rondelles mettaient en évidence les bons résultats qu'on obtient d'un mode d'éducation si favorable à l'éclairement et au développement latéral des cimes.

Une autre série d'échantillons montrait les effets de l'élagage suivant qu'on coupe les branches rez tronc ou à une certaine distance du fût. Un tronçon de tige relatif à ce dernier cas présentait un gros chicot mort, qui avait été complètement recouvert par les accroissements annuels, sans que l'altération subie par ses tissus, sous forme de pourriture sèche, se fût propagée dans l'intérieur de l'arbre. Nous ignorons quelle est l'opinion de l'exposant en matière d'élagage, mais ce spécimen prouve une fois de plus que l'ablation des grosses branches mortes n'est pas toujours la condition *sine quâ non* du salut de la tronce de bois d'œuvre.

Le régisseur du parc de Windsor avait aussi exposé, en plein air, différents modèles de clôtures et de barrières, en fer ou en bois, destinées à protéger les peuplements non défensables contre les atteintes du gibier et des animaux domestiques. Ces appareils sont en effet indispensables dans des forêts où l'on élève des troupeaux de daims pour animer le paysage, où on laisse se multiplier les lapins pour procurer aux visiteurs princiers le plaisir de la chasse, où enfin il est de tradition que les vaches et les moutons puissent paître en liberté.

14. Forêt-Neuve. — La Forêt-Neuve ou *New-Forest* couvre environ 7,500 hectares, sur la côte méridionale de l'Angleterre, dans le comté de Hants, entre Southampton et Salisbury[1]. Elle a, raconte

---

1. A la Forêt-Neuve se rattachent, au point de vue de la gestion, quatre

la chronique, été créée artificiellement par Guillaume le Conqué-
rant pour servir de terrain de chasse, d'où le nom qu'elle porte depuis le XIIe siècle. Nous ne savons si elle a jamais été entièrement
couverte de massifs bien pleins, mais, en tous cas, aujourd'hui, on
ne rencontre sur la majeure partie de son étendue que des terrains
vagues, garnis de bruyères et de fougères et au milieu desquels se
dressent ici un vieux hêtre isolé, au fût gros et court, à la cime largement développée, là un bouquet de chênes dont la ramure puis-
sante abrite quelques houx centenaires. Cet état de choses tient à ce
que la production ligneuse a toujours été reléguée à l'arrière-plan
dans cette forêt ; le gibier l'a dévastée jusque dans ces derniers temps
et elle est encore ravagée aujourd'hui par les *ponies*, les ânes, les
bêtes aumailles et les porcs des *woodmen* ou usagers. Il n'y a que
certains cantons déclarés en défens où l'on trouve des peuplements
complets et réguliers. Ce sont des fourrés et des gaulis de chêne et
de pin obtenus par voie de plantation. On se propose d'en éliminer
les résineux peu à peu, par des éclaircies (*thinnings*) successives,
pour ne plus laisser finalement sur pied que les chênes. Ceux-ci
formeront alors ces futaies clair-plantées que l'on a si fréquemment
l'occasion d'admirer en parcourant l'Angleterre.

Il résulte de ce qui précède que New-Forest n'est préservée de la
ruine complète que dans la mesure où les dégradations cesseraient
de lui donner un certain air de délabrement artistique qui impres-
sionne les promeneurs.

Aussi les envois de l'honorable G. Lascelles, intendant de ce domaine, ressemblaient-ils beaucoup à ceux de l'administrateur du
parc de Windsor et offraient-ils peu d'intérêt aux sylviculteurs proprement dits.

Pourtant, nous mentionnerons des spécimens d'écorces provenant,

---

autres petits bois domaniaux situés également dans le comté de Hants ou
Hampshire, savoir:

Bere Woods	570 hectares.
Alice Holt	750 —
Woolmer.	350 —
Parkhurst (île de Wight)	460 —
Total.	2,130 hectares.

de chênes de différents âges ; ils montraient que la Forêt-Neuve fournit au moins de la matière première à quelques tanneries.

15. Forêt de Dean. — Il nous reste maintenant à parler de celle des forêts de la Couronne qui est la plus importante à la fois par son étendue (7,800 hectares), par la constitution de ses peuplements et par les sommes qu'elle rapporte au Trésor. C'est la forêt de Dean (*Dean Forest and Highmeadow Woods*). Elle est située dans le comté montagneux de Gloucester, sur les bords pittoresques de la Wye, non loin du confluent de cette rivière avec la Severn. Contrairement à ce qui a lieu pour Windsor-Park et New-Forest, les cantons de Dean-Forest traités uniquement au point de vue artistique forment l'exception : ils se réduisent à peu près aux environs immédiats de l'hôtellerie de Speechhouse, asile assuré contre les bruits de la foule et le tourbillon des affaires. Les peuplements y sont, pour la majeure partie, régulièrement exploités en vue de la production ligneuse.

Ce n'est pas que les populations riveraines y soient privées des droits dont elles jouissent à New-Forest ; au contraire, des titres très anciens les autorisent à introduire en forêt leurs bestiaux et notamment leurs moutons. Mais, grâce à une sage réglementation sanctionnée par un *bill* du Parlement, les animaux n'ont accès dans les massifs que lorsque, par leur âge ou par leur constitution, ceux-ci sont réellement défensables [1].

16. Chênaies de Dean-Forest. — Si nous avons bien transcrit les renseignements qui nous ont été donnés sur les lieux mêmes, en 1881, voici comment se fait à Dean-Forest l'éducation de ces futaies de chênes clair-plantés qui sont, là comme ailleurs, le principal objectif du forestier anglais. On procède de deux façons différentes suivant les cas.

17. Mode de création dans les cantons en défens. — Lorsque le canton où l'on opère peut être mis en défens pour un certain temps, on commence, ainsi qu'on l'a vu pour New-Forest, par

---

1. Une surface de 4,000 hectares environ, à assiette mobile, est constamment ouverte aux usagers, tandis que les 4,000 autres hectares sont en défens et entreillagés.

créer, à l'aide de jeunes sujets de moyenne tige (1ᵐ,50 de hauteur) pris en pépinière, un peuplement très serré où le chêne est fortement mélangé d'autres essences, notamment de pin sylvestre, d'épicéa et de mélèze [1]. Quand le fourré est bien constitué, on y pratique des sortes d'éclaircies (*thinnings*), qui ont pour but d'éliminer progressivement les essences de remplissage, pour ne conserver que les chênes. Finalement, ceux-ci forment un perchis clair [2], dont les tiges, au nombre de 200 à 225 par hectare, sont suffisamment rigides pour supporter l'isolement et, aussi, suffisamment hautes pour que l'appareil foliacé très développé qui les surmonte n'ait plus rien à craindre de la dent des bêtes à cornes. C'est alors qu'on enlève les clôtures, maintenues jusque-là autour de l'enceinte, et qu'on laisse pénétrer dans celle-ci les bestiaux des usagers.

18. Mode de création dans les cantons pâturés. — Quand on veut créer une chênaie dans un canton qui, pour une raison quelconque, doit rester ouvert au pâturage, on prend des chênes de haute tige (de 4 à 5 mètres de hauteur), âgés de 20 ans environ [3], qu'on plante à 3 ou 4 mètres de distance les uns des autres et qu'on élève de la sorte dans un état de quasi-isolement, sans qu'ils aient jamais vécu en massif. Ils ne tardent pas, dans ces conditions, à constituer un perchis que l'on commence à éclaircir dès que les cimes tendent à se toucher.

19. Absence de sous-bois. — Le pâturage, qui s'exerce tôt ou tard dans les chênaies obtenues par ces deux procédés, doit naturellement empêcher tout sous-bois de s'y maintenir. Le sol n'est couvert, en effet, que d'une herbe courte et drue parsemée de touffes de bruyère, de fougère et de chardon. Cependant, malgré le résultat doublement funeste du pâturage, — absence complète de sous-bois et enlèvement direct des principes minéraux nutritifs, —

---

1. En ce qui concerne le chêne, on emploie indifféremment du rouvre ou du pédonculé : on a cru remarquer que les deux espèces ou races y croissent de la même façon sur tous les sols.

2. On sait qu'on donne en général à un peuplement la qualification de perchis à partir du moment où le diamètre moyen des tiges est de 0ᵐ,10 à hauteur d'homme.

3. On y adjoint parfois quelques châtaigniers.

on constate que les chênes sont de fort belle venue. Cela tient, sans nul doute, à ce que, sous le climat maritime de la Grande-Bretagne, des pratiques qui, ailleurs, seraient détestables, sont inoffensives, grâce à la grande humidité de l'atmosphère.

20. Traitement et exploitation des chênaies. — Quoi qu'il en soit, les chênaies dont nous venons d'indiquer le mode de création et de traitement jusqu'à l'état de perchis continuent à être éclaircies progressivement, au fur et à mesure que les cimes se développent, de façon à former toujours un massif clair. Quand le peuplement est parvenu à l'état de vieille futaie et que les tiges, présentant un espacement approximatif de 10 mètres, ont en moyenne de 0ᵐ,50 à 0ᵐ,60 de diamètre, on les abat et on les vend pour le compte du Trésor[1]. Les sujets de choix sont employés aux constructions navales[2].

Les chênes de moins bonne qualité donnent du bois de menuiserie, notamment pour la fabrication des wagons. Ceux de petites dimensions, ainsi que les perches d'essences diverses enlevées dans les éclaircies, fournissent des traverses de chemin de fer, des poteaux télégraphiques, des pavés, des étais de mine[3] ; ils constituent enfin les matériaux avec lesquels on fait les clôtures et les barrières des enceintes mises en défens.

21. Taillis sous futaie de Highmeadow Woods. — Une partie de la forêt de Dean, connue plus spécialement sous le nom de *Highmeadow Woods*, d'une contenance approximative de 1,400 hectares, a été achetée par la Couronne à lord Gage, il y a environ 50 ans. Elle est affranchie de tout droit d'usage, ce qui permet d'y avoir des sous-bois, et c'est là sans doute la raison pour laquelle on la traite en taillis sous futaie. La révolution du taillis est courte (18 ans), mais suffisante pour donner des perches à mine.

---

1. La valeur sur pied des gros chênes s'élève jusqu'à 140 fr. le mètre cube en grume ; pour les chênes de 0ᵐ,30 de diamètre elle s'arrête à 45 fr.

2. A l'époque où les vaisseaux se faisaient exclusivement en bois, la marine royale recrutait dans la forêt de Dean une grande partie de sa matière première.

3. Il y a, sous le sol même de la forêt de Dean, des gisements houillers très importants dépendant du bassin de Cardiff.

La réserve, principalement formée par le chêne, est d'ailleurs très nombreuse, presque en massif, riche en baliveaux anciens, rappelant, en un mot, celle qui surmonte les bons taillis domaniaux de France quand on a su y appliquer avec discernement les ordonnances de 1669 et de 1827. Elle diffère cependant de nos futaies sur taillis, en ce que les arbres qui la composent ont tous, paraît-il, été plantés artificiellement, peut-être à cause d'anciens droits de pâturage aujourd'hui éteints, peut-être aussi par suite des idées préconçues qui règnent en Angleterre sur l'éducation des arbres de franc-pied.

Les baliveaux de toute catégorie (baliveaux de l'âge, modernes et anciens) dont le mélange intime constitue cette réserve, ne paraissent pas moins bien venants que les sujets élevés en futaie d'un seul âge dans les cantons voisins. Les arbres de choix sont exploités quand ils ont atteint $1^m,20$ de diamètre à $1^m,30$ du sol ; parfois, tout en présentant cette dimension, ils n'ont pas plus de 150 ans.

Voilà les quelques faits que nous avons pu constater dans le canton de Highmeadow Woods, au sujet d'une forme de peuplement qui provoque tant de controverses : si arrêtée que soit la conviction qu'on ait sur ce point, on admettra sans doute que de pareils taillis méritaient d'être mentionnés et qu'ils appellent une étude plus approfondie que celle à laquelle nous avons pu nous livrer.

22. Envois de la forêt de Dean. Objets divers. — On comprend aussi, après cette description sommaire de la forêt de Dean, que la partie de l'Exposition qui s'y rapportait ait dépassé en intérêt les envois des autres forêts de la Couronne. Il ne pouvait d'ailleurs en être autrement, car sir James Campbell, conservateur de ce domaine, est devenu, depuis les nombreuses années qu'il l'administre, un véritable sylviculteur, doué tout à la fois d'un esprit d'observation très développé et d'un goût éclairé pour ces recherches statistiques et expérimentales sans lesquelles le traitement des forêts est condamné à osciller sans cesse entre les spéculations aventureuses et les méthodes routinières.

Les yeux du visiteur étaient tout d'abord attirés par une collection de vingt-neuf rondelles de chêne provenant de sujets âgés de 30 à 228 ans, ayant crû sur différents sols et élevés soit en futaie sur taillis, soit à l'état de futaie d'un seul âge livrée au parcours.

L'une et l'autre méthode avaient donné de bons résultats, à en juger par la qualité du bois et l'épaisseur des accroissements.

A côté de ces échantillons de chêne, se trouvaient aussi deux belles sections de châtaignier de 70 ans et onze rondelles de mélèze, de 25 à 70 ans. Ces dernières ne laissaient rien à désirer non plus. L'une d'elles, prise à $1^m,50$ du sol, sur un sujet de 60 ans, avait $0^m,55$ de diamètre, avec un aubier de $0^m,04$ d'épaisseur et une écorce de $0^m,01$ seulement ; le bois en était en outre d'un très beau grain. Il paraît, d'ailleurs, que le bois des mélèzes de $0^m,30$ et au-dessus se vend jusqu'à 50 fr. le mètre cube dans Dean-Forest. Ce fait mérite d'être rapproché de ceux du même genre que nous avons eu l'occasion de constater dans le pays de Galles et dans la Forêt-Noire, sans parler de l'Écosse dont le climat se rapproche quelque peu de celui des Alpes, pays d'origine de cette précieuse essence [1].

Sir James Campbell avait exposé, en outre, des tronçons de tiges et de branches montrant les effets de l'élagage, et une foule d'outils pour abattre les bois ou décortiquer les chênes.

23. Relevés relatifs à la croissance des chênes. — Mais ce qui nous a paru le plus remarquable dans son exhibition et ce qui donnait à celle-ci un véritable cachet scientifique, c'est un relevé des mensurations effectuées *depuis un siècle*, par les différents administrateurs qui se sont succédé à Dean-Forest, relativement à la croissance d'un certain nombre de chênes plantés vers 1784. Ce document, imprimé à un grand nombre d'exemplaires par les soins de Sir James Campbell, fait le plus grand honneur au service forestier de la Couronne, surtout en raison de l'époque à laquelle il remonte, et il est un heureux présage pour les destinées scientifiques de l'école forestière anglaise qu'on vient de créer à Cooper's Hill : les professeurs de cet établissement, lorsqu'ils dresseront un programme d'expériences, trouveront facilement des hommes de bonne

---

1. Voir l'*Etude sur l'expérimentation forestière en Allemagne et en Autriche*, par MM. Reuss et Bartet, page 258 *ad notam* (Nancy, Berger-Levrault et Cie, 1884).

On assure même que l'éducation du mélèze comme arbre de réserve dans les taillis sous futaie de l'Allemagne centrale et de la partie de la Suisse qui avoisine le lac de Constance donne de très bons résultats.

volonté pour l'appliquer. Nous ne manquons pas de reproduire aux annexes [1] le relevé dont il s'agit, afin que le lecteur puisse le consulter au besoin et en tirer les différentes données intéressantes qu'il renferme sur la croissance des chênes en Angleterre.

24. Coup d'œil jeté sur les autres envois d'Angleterre. — Les limites qui s'imposent à notre compte rendu nous interdisent de nous occuper longuement des autres envois provenant de l'Angleterre proprement dite. Un grand nombre d'entre eux n'offraient d'ailleurs qu'un intérêt de curiosité, sans fournir matière à des remarques utiles. Il y en avait même plus d'un qui ne touchait à la sylviculture que d'une façon très détournée.

Nous nous contenterons donc de prendre les quelques numéros du catalogue qui ont plus spécialement attiré notre attention.

25. Ministère de la guerre. — Le département de la guerre avait exposé des échantillons de bois pour affûts de canons, crosses de fusils et lances, ainsi que des spécimens de charbons servant à la fabrication de la poudre.

26. Jardins de Kew. — La direction des célèbres jardins royaux de Kew, qui possède une belle collection de bois bruts et manufacturés, s'était dessaisie, pour la circonstance, d'une partie de ses richesses.

27. Forêt d'Epping. — M. A. Mackenzie, conservateur d'Epping-Forest, avait également fait preuve de bon vouloir; mais la forêt d'Epping, qui appartient à la cité de Londres et est située à une trentaine de kilomètres au nord-est de cette ville, joue, par rapport à ses habitants, le même rôle que le bois de Vincennes à l'égard des Parisiens; c'est un lieu de promenade sans importance au point de vue sylvicole.

28. Arbres des parcs. — Quelques rondelles de bois d'essences indigènes ou exotiques permettaient de juger de la beauté des arbres qui ornent les parcs anglais. Citons entre autres une section transversale détachée d'un cèdre du Liban, crû à Byram, dans le comté d'York, et renversé par un ouragan, le 11 décembre 1883, après avoir atteint un âge supérieur à 200 ans; il avait $0^m,90$ de diamètre

---

1. Voir l'annexe III.

à la base, une hauteur totale de 21 mètres et une amplitude de cime de 20 mètres ; son fût cubait 9^{mc},500.

29. Machines et outils. — Les industriels de Sheffield et des autres centres métallurgiques de l'Angleterre avaient exposé des outils et des machines de toute espèce pour semer, planter, abattre et débiter les bois. La scie passe-partout de M. Lansdale, de Liverpool, mue par une locomobile facile à installer en forêt, nous semble devoir être recommandée pour l'abatage et le tronçonnage des arbres dans les grandes exploitations forestières. Nous mentionnerons également la scie à débiter les bois de feu de MM. Selig, Sonnenthal et Cie de Londres. Ce singulier appareil est mis en mouvement par une pédale que fait fonctionner un ouvrier placé à califourchon sur le châssis.

30. Élagage. — L'élagage paraît être fort en faveur en Angleterre, car les échantillons de bois, les instruments et les dessins qui se rapportaient à cette pratique étaient nombreux. Il fallait du reste s'attendre à ce que, dans un pays où les arbres sont plantés plutôt pour l'agrément de la vue que pour la production du bois, l'élagage ne fût pas l'objet de critiques aussi fondées que celles qu'il a provoquées chez nous. Pourtant M. Henry Rogers, capitaine de la marine royale, exposait, sans dire d'ailleurs à quelle fin, des chicots de branches mortes non élaguées, lesquels, tout en étant eux-mêmes atteints de décomposition, n'avaient pas amené la carie du tronc. Ces spécimens montraient, aussi bien que ceux dont nous avons parlé à propos de la forêt de Windsor, que l'intervention de l'homme n'est pas toujours nécessaire pour réparer les accidents survenus aux arbres de nos forêts.

31. Objets divers. — Les fabriques de papier exhibaient de la pâte de bois obtenue par les divers procédés en usage et arrivée à différents degrés de préparation.

Un officier de la marine royale avait adressé au Comité un morceau de chêne trouvé au fond de la mer en 1875 et provenant d'un vaisseau anglais détruit par la flotte hollandaise à l'attaque de Chatham, en 1667. Ce fragment est encore dur et sain mais tout à fait noir ; les gournables en bois ont subsisté, mais celles qui étaient en fer ont disparu, rongées par la rouille.

Enfin, citons, parmi les simples curiosités, la hache en argent
décernée au très honorable W.-E. Gladstone par un groupe de ses
concitoyens. On sait, en effet, que l'illustre homme d'État est bû-
cheron à ses heures, et qu'il consacre ses loisirs à abattre des arbres
dans son *Tusculum* d'Hawarden. La foule de curieux qui se pressait
autour de la vitrine justifiera sans doute l'exception que nous avons
faite en signalant un objet qui est si peu du ressort de la sylviculture.

ARTICLE II

Écosse.

32. Renseignements statistiques.

Étendue totale. . . . . 7,889,500 hectares.
Population. . . . . 3,734,000 habitants.
Surface boisée[1] . . . .   297,248 hectares.

Soit 4 p. 100 de l'étendue totale du territoire.
La propriété forestière est en totalité entre les mains des particuliers, surtout des membres de la haute aristocratie terrienne.

33. Importance de l'Écosse au point de vue forestier. —

L'Écosse est la seule région vraiment forestière de tout le Royaume-
Uni, et Édimbourg, capitale de l'Écosse, devait tout naturellement
être choisi comme siège de la *Forestry-Exhibition*. Il a même été
question, dans ces derniers temps, lorsqu'il s'est agi de créer un
enseignement sylvicole en Grande-Bretagne, de l'installer à Édimbourg, en adjoignant à l'université de cette ville une sorte d'institut
forestier ; et ce n'est pas sans avoir été, tout d'abord, assez vivement
sollicité dans ce sens, que le Gouvernement a fini par renoncer à ce
projet, et par choisir comme pépinière de ses officiers forestiers
l'école de Cooper's Hill, près de Londres, où il recrute déjà ses ingénieurs du service de l'Inde.

---

1. D'après les tableaux statistiques publiés en 1872 par le ministère du
commerce.

34. Aperçu historique. — Pour donner un aperçu de l'Écosse considérée au point de vue spécial où nous devons nous placer, nous ne pouvons mieux faire que de recourir à l'intéressante relation écrite par M. Boppe, sous-directeur de l'École nationale forestière, à la suite du voyage qu'il effectua dans ce pays, en 1881, sous la conduite de M. le colonel Pearson, et auquel notre collègue M. Bartet et nous-même avons eu l'honneur d'être associés [1].

« Sur les 8 millions d'hectares auxquels s'élève approximativement l'étendue totale de l'Écosse, 6 millions, soit les trois quarts, sont occupés par les lacs, les rivières, les tourbières et les landes ; on n'en compte que 300,000 environ en nature de forêts. Mais il y a lieu de supposer qu'à une période reculée le sol de l'Écosse, aussi bien dans les *basses terres* (*Lowlands*) que dans les *terres hautes* (*Highlands*), a été recouvert d'épais massifs, qui ont été successivement détruits par les guerres, les exploitations abusives et surtout la dent des bestiaux.

« Quoi qu'il en soit, au commencement du XVIIIᵉ siècle, la dévastation était complète et il ne restait plus que des lambeaux des anciennes forêts calédoniennes. L'union du trône d'Écosse avec celui d'Angleterre inaugura une ère de calme politique qui permit aux lords, jusque-là absorbés par des guerres continuelles, de s'occuper des travaux de la paix, de mettre en valeur leurs vastes domaines. Le moyen qui se présentait tout naturellement à l'esprit sous ce climat brumeux était le reboisement. Il fut, en effet, entrepris sur une vaste échelle, et, grâce à l'impulsion donnée par la *Select Society* d'Édimbourg, fondée en 1757, le mouvement s'étendit des seigneurs aux petits propriétaires. En 1812 l'Écosse possédait, outre 200,000 hectares de forêts naturelles, 160,000 hectares de forêts créées artificiellement.

« A partir de cette époque, on constate, sans qu'on puisse bien en discerner les causes, un temps d'arrêt dans l'œuvre du boisement et, par suite, une diminution dans l'étendue de la propriété boisée,

---

1. *A travers les forêts de la Grande-Bretagne.* Réponse à une question posée par sir Louis Mallet. — Londres, imprimerie de l'*Office de l'Inde,* 1882.

car, lorsque les forêts sont ouvertes sans réserve au pâturage du mouton, on ne peut pas compter sur le réensemencement naturel pour reconstituer les peuplements exploités. Or la construction des chemins de fer, le développement de l'industrie minière, l'amélioration des voies de transport, ont donné, vers le milieu de ce siècle, une valeur considérable aux bois, et, par suite, une accélération rapide aux exploitations ; aussi les relevés de 1872 accusent-ils pour les surfaces boisées une baisse d'environ 60,000 hectares comparativement aux chiffres de 1812.

« Heureusement, dans ces dernières années, on semble être repris d'un zèle louable pour les travaux de repeuplement et l'on peut espérer que l'activité avec laquelle ils vont être poussés permettra de réparer, dans la mesure du possible, le temps perdu pendant un demi-siècle. »

35. Constitution et conditions économiques des forêts. — Tel est, esquissé à grands traits, l'historique des forêts de l'Écosse. Il nous paraît utile de le compléter par quelques notions sommaires sur leur physionomie et sur les conditions économiques au milieu desquelles elles sont placées.

L'Écosse se divise en deux régions naturelles bien distinctes : le Bas-Pays et le Haut-Pays.

36. Bas-Pays. — Au sud des monts Grampians, dans ce qu'on appelle le Bas-Pays (*Low-Land*), la faible altitude (100 mètres au maximum) et le voisinage de la mer rendent le climat assez doux pour permettre à toutes les espèces feuillues de l'Europe centrale de prospérer à souhait. Le chêne, le hêtre, l'orme, le frêne, l'érable, le tilleul, le châtaignier y ont une vigueur extraordinaire et les doyens de chaque essence, crûs à l'état isolé dans les parcs des grands seigneurs, atteignent des dimensions vraiment colossales. Aussi cette région de l'Écosse ressemble-t-elle beaucoup à l'Angleterre ; il s'y trouve peu de forêts proprement dites, mais beaucoup de prés-bois où des bouquets d'arbres feuillus, aux frondaisons luxuriantes, se détachent avec leurs teintes plus foncées sur le vert clair des pâturages.

Le chêne y est encore élevé en massifs de consistance lâche ou en futaies sur taillis, comme à Dean-Forest, et il y fournit d'aussi beaux produits[1]. Le prix moyen des bois d'œuvre chêne, lorsqu'il est propre à la construction des navires, varie de 70 fr. à 130 fr. le mètre cube, suivant les dimensions. Les hêtres isolés fournissent des quilles pour les bateaux de pêche. On rencontre aussi dans le *Low-Land* des taillis de chêne exploités pour l'écorce entre 20 et 30 ans.

Le mélèze y vient également bien, au moins jusqu'à un certain âge. Les premiers individus de cette essence qui aient été introduits en Écosse ont été rapportés du Tirol, en 1737, par le duc d'Athole et ils font encore aujourd'hui l'ornement du parc de Dunkeld. Leurs congénères, devenus nombreux dans le pays, constituent déjà, çà et là, de jeunes futaies d'une magnifique végétation, surtout aux expositions Nord et Est[2]. Le bois de mélèze se vend en Écosse deux fois plus cher que le bois de pin à égalité de diamètre. Il est débité en traverses de chemin de fer, en pavés ; il fournit des membrures et d'excellents bordages pour les bateaux employés à la pêche du hareng. L'écorce du mélèze se paie la moitié du prix de l'écorce de chêne ; elle sert au tannage des peaux de mouton, matière première très demandée pour la fabrication des valises et des sacs de voyage. Les mélèzes sont, en général, considérés comme mûrs lorsqu'ils ont atteint $0^m,45$ de diamètre.

Enfin n'oublions pas de dire que, dans le Bas-Pays, on peut,

---

1. Nous citerons dans cet ordre d'idées la chênaie, de 250 hectares environ, située près de Perth, dans le domaine de Scone, et appartenant à lord Mansfield. Plantée il y a 70 ans, elle présente, à l'hectare, environ 150 tiges de $0^m,35$ à $0^m,45$ de diamètre à hauteur d'homme, ayant de 7 à 8 mètres de longueur de fût, et donnant chacun environ $0^{mc},800$ de bois d'industrie. Le sol, argilo-siliceux, est garni d'un sous-bois de *Rhododendron ponticum*.

2. À l'appui de cette assertion nous transcrivons ici les notes prises dans le domaine de Dunkeld, lors de notre voyage de 1881 : sur le revers nord-est d'un chaînon des Grampians qui domine le confluent du Tummel et du Tay, jeune futaie de mélèze plantée en 1817 ; — très régulière et très serrée eu égard au tempérament de l'essence ; — diamètre moyen des tiges : $0^m,30$; — hauteur totale : 20 mètres ; — on compte environ 375 tiges par hectare et on les évalue, l'une dans l'autre, à 25 fr. pièce. — Le sol, formé par des micaschistes, est garni d'herbes et ne présente pas de sous-étage arborescent. Il y a 160 hectares environ peuplés de la sorte, et un marchand de bois a offert, en 1881, de payer, pendant vingt ans, une annuité de 25,000 fr. pour avoir le droit de les exploiter.

grâce à l'absence de gelées et à l'humidité de l'atmosphère, élever en pleine terre une foule d'essences exotiques qui, chez nous, réclament des soins minutieux. Les représentants les plus intéressants de la flore forestière de l'Amérique septentrionale et de l'Himalaya, les *Abies Douglasii*, *A. Menziesii*, *A. Normaniana*, *A. Nobilis*, les *Sequoia gigantea*, les *Araucaria imbricata*, les *Cedrus Deodara* croissent admirablement dans les arboretums des lords, des municipalités, des établissements d'instruction et des sociétés savantes. Le *pinetum* du *Royal-Botany-Garden* d'Édimbourg renferme probablement la plus belle collection de résineux qui existe dans le monde. Ces végétaux exotiques constituent même, parfois, des peuplements de rapport, et ils ont déjà fourni, comme on le verra plus loin, des pièces de bois de service d'assez grandes dimensions [1].

37. Haut-Pays. — Les monts Grampians, avec toute la région granitique, au relief âpre et tourmenté, qui s'étend au delà du célèbre défilé de Killiekrankie jusqu'au cap Duncansby, constituent le *Highland* ou le *Haut-Pays*. Ici, les effets de l'altitude (100 mètres au minimum), combinés avec ceux de la latitude et du vent qui souffle de l'Océan glacial, neutralisent l'action du *Gulf-stream* : le climat devenant rude et défavorable à la culture agricole, celle-ci est confinée dans quelques endroits privilégiés, parmi lesquels il faut citer le littoral Est, et surtout les bords si riants du *firth* d'Inverness [2]. Sur l'ensemble de la région c'est la culture forestière qui devrait rationnellement occuper le sol, mais nous avons vu qu'elle

---

1. Dans le domaine de Scone déjà cité, un perchis d'*Abies Douglasii*, âgé de 22 ans, se compose de tiges de 0^m,30 *de diamètre* et de 15 *mètres de hauteur* totale. Elles ont été plantées en quinconce sur une surface de trois hectares, à trois mètres d'écartement les unes des autres. Il y avait au début, dans les intervalles, des mélèzes qu'on a extraits depuis lors.

2. Sur le pourtour de cette haie, si bien abritée contre les vents froids, le voyageur retrouve, soit par pieds épars, soit en massifs, les essences feuillues et résineuses, exotiques et indigènes dont la splendide végétation l'avait émerveillé dans le *Lowland*, notamment aux environs de Perth. Le chêne y est traité comme là-bas en taillis sous futaie avec réserve nombreuse, quelquefois en taillis simple à écorces. Les résineux d'Amérique s'y rencontrent aussi en quantité, témoin le gaulis d'*Abies Douglasii* du domaine de Beauly, à lord Lovat. Pourtant ce peuplement, âgé de 18 ans, est moins beau que son congénère de Scone.

est encore loin d'en être maîtresse, et, en faisant très large la part qui revient aux lacs, aux escarpements, aux cimes arides et forcément improductives, on trouve qu'il reste bien, dans le *Highland,* 2,000,000 d'hectares à conquérir au profit de la végétation ligneuse. Les forêts existantes, qu'elles soient d'origine naturelle ou créées artificiellement, sont constituées principalement par le pin sylvestre, car on a eu le bon esprit, pour effectuer les travaux de reboisement, de se servir de cette essence, qui caractérise à tel point la région, qu'elle est connue, dans tous les pays britanniques, sous le nom de *Scotch fir* (pin d'Écosse). Ces pineraies occupent surtout le bas et la partie moyenne des versants. Elles donnent des produits d'excellente qualité, aptes à une foule d'emplois[1] et valant sur pied au moins 25 fr. le mètre cube en grume, pour peu que les troncs considérées soient propres au sciage. Dans les dépressions fraîches, on rencontre l'épicéa, qui a également servi parfois aux repeuplements artificiels, mais dont le bois se paie moitié moins cher que celui du pin. A la partie supérieure des versants, la limite de la végétation arborescente est marquée par des massifs purs de bouleau, qui ont atteint une grande valeur depuis que l'ouverture du *Caledonian Railway* a mis les comtés montagneux en communication avec les districts manufacturiers du *Lowland*[2]. Au-dessus de la zone des bouleaux s'étendent à perte de vue les hauts plateaux appelés *Deer-Forests ;* ce sont de vastes landes garnies de bruyère et habitées seulement par des hardes de cerfs dont la chasse se loue à des prix fabuleux[3].

Ces sévères paysages, qui rappellent à beaucoup d'égards ceux

---

1. La *Caledonian Railway Company* a presque exclusivement recours à des traverses de pin sylvestre dont l'aubier est injecté de créosote. Nous avons encore vu en place, en 1881, des traverses posées en 1862.

2. Le bois de bouleau, qui se paie parfois aussi cher que le mélèze, est employé, en Écosse, à la fabrication des bobines des filatures. Il donne lieu à des marchés très importants, et l'intendant de lord Seafield en a vendu, vers 1881, un lot de 2,000 livres sterling.

3. Un Américain paie 300,000 fr. par an le droit de chasser le cerf sur un espace de 80,000 hectares, qui va, dans le comté d'Inverness, du canal calédonien à l'Atlantique. Il tue environ 200 pièces pendant une saison de chasse de six semaines.

de la Scandinavie, présentent çà et là quelques peuplements de mélèze ; leur verdure plus gaie tranche sur les massifs de pin dont la teinte bleu terne se confond au loin avec la brume de l'horizon. Tout à l'heure encore, à propos du *Lowland,* nous montrions avec quels succès cette essence des Alpes est cultivée en Grande-Bretagne. Il paraît cependant que, dans les différentes régions dont nous avons parlé, le mélèze, tout en donnant, jusqu'à un certain âge, des produits fort appréciés, commence souvent à dépérir à partir de la soixantaine, surtout quand il croît à l'exposition Ouest ou Sud. C'est ce que nous avons constaté nous-même dans le pays de Galles, sans avoir pu établir si cette décrépitude prématurée tient à des causes d'ordre physiologique ou s'il faut l'attribuer à des invasions de champignons. Dans le *Highland,* au contraire, rien de pareil ne semble à craindre, et l'éducation de vieilles futaies de mélèze pourrait, sans doute, être entreprise avec succès par les *lords* qui voudraient appliquer à leurs forêts, possédées à titre de fidéicommis, des révolutions en rapport avec le caractère spécial de leurs droits de propriété[1].

---

1. Ainsi que nous l'avons déjà fait remarquer dans les renseignements statistiques placés en tête de cet article, toutes les forêts d'Écosse, sans exception, sont entre les mains des particuliers et surtout de la vieille aristocratie terrienne, dont les fiefs se transmettent, dans leur intégrité, de père en fils, par ordre de primogéniture. Certains de ces grands vassaux du trône d'Écosse, par exemple les ducs de Sutherland et d'Argyll, possèdent des domaines d'une étendue égale à la moitié d'un de nos départements, et les forêts de beaucoup d'entre eux couvrent plusieurs milliers d'hectares. Nous avons eu la bonne fortune de visiter, en 1881, en compagnie de MM. Boppe et Bartet, les massifs de Scone, au comte de Mansfield (4,000 hectares) ; de Dunkeld et Blair-Athole, au duc d'Athole (7,000 hectares) ; de Strathpey, au comte de Seafield (20,000 hectares) ; de Beauly, au comte de Lovat (11,000 hectares) ; de Darnaway, au comte de Moray (4,000 hectares) : qu'on nous permette d'exprimer ici les sentiments de gratitude dont nous sommes encore pénétré en songeant à l'accueil que ménagent aux forestiers étrangers les propriétaires de ces riches patrimoines ainsi que leurs régisseurs.

Ces derniers n'ont pas fait d'études techniques sur le continent ; l'obligation de mener de front, dans les domaines qu'ils administrent, l'élève du bétail, la conservation du gibier, l'embellissement du paysage, les empêcherait d'ailleurs d'appliquer strictement les règles de la sylviculture. Mais ils possèdent les deux qualités maîtresses du forestier : *le sens pratique* et *l'expérience locale.* Aussi constate-t-on, en parcourant les beaux massifs dont la gestion leur est confiée, qu'ils n'en compromettent pas l'avenir par des opérations inconsidérées.

Mais nous voilà un peu loin du véritable sujet de notre compte rendu ; hâtons-nous d'y rentrer en revenant aux galeries de l'Expo sition.

38. Envois de la « Scottish Arboricultural Society ». Généralités. — Le principal exposant de l'Écosse était la *Scottish Arboricultural Society*. Cette compagnie savante, constituée depuis une trentaine d'années seulement, a repris les traditions de la *Select Society* du siècle dernier en favorisant de toutes manières le développement de l'arboriculture et de la sylviculture. Elle choisit pour présidents annuels, tantôt des spécialistes tels que M. James Brown, l'auteur d'un traité dont nous nous occuperons plus loin[1], ou M. le Dr Cleghorn, tantôt de grands propriétaires fonciers tels que le comte de Stair et le duc d'Athole. Tous les deux ans, elle publie un volume (*Transactions of the Scottish Arboricultural Society*) qui renferme, avec les travaux originaux de ses membres, l'analyse des ouvrages reçus par la Société, et les comptes rendus de ses réunions. Nous avons trouvé dans ce recueil plus d'un renseignement utile.

Les objets exposés par la *Scottish Arboricultural Society* étaient tellement nombreux que nous devrons nous borner à mentionner les principaux. Pour mettre de l'ordre dans cette énumération, nous adopterons le classement annoncé en tête du présent travail.

39. Produits forestiers bruts. — Parmi les produits bruts dominaient naturellement les rondelles de pin d'Écosse. Le lecteur devine qu'on n'a pas été en peine pour trouver des échantillons superbes de cette matière première si répandue dans la contrée.

Citons comme exemple une souche de 8^m,50 de tour provenant d'un vieux pin de 235 ans qui avait poussé dans le parc de Balmoral (Haute-Écosse) sur un sol couvert de bruyère et d'airelles, à 500 mètres d'altitude, et qui avait donné 13^{mc},500 de bois d'industrie.

Plusieurs sections de sapin pectiné (*Silver fir*) présentaient aussi des dimensions remarquables. Chez l'une d'elles 1^m,20 de diamètre

---

1. Voir l'article consacré au Canada.

correspondait à 125 ans d'âge ; une autre avait été détachée d'un arbre de 200 ans dont la tige mesurait 1ᵐ,80 de diamètre à la base. Elles étaient toutes deux, à vrai dire, originaires de la Basse-Écosse, mais il n'en est pas moins à noter qu'au nord de la Grande-Bretagne, sous le 56ᵉ parallèle, le sapin pectiné peut encore prospérer, alors que, sur le continent, il ne dépasse guère le 52ᵉ degré de latitude.

Laissant de côté les échantillons d'essences feuillues (hêtre, orme, frêne, érable, châtaignier, etc.) nous signalerons plutôt de nombreuses rondelles de mélèze qui confirmaient ce que nous savions déjà sur les bons résultats obtenus de la naturalisation de cette essence[1], enfin des sections longitudinales et transversales de résineux exotiques qui fournissaient un enseignement analogue[2].

40. Produits fabriqués. — Les bois débités et mis en œuvre nous ménageaient également des surprises. M. John Mac-Gregor, intendant du domaine de Blair-Athole, montrait une barrière de parc très solide, faite avec du bois de mélèze crû sur la propriété. M. William Mac-Corquodale, régisseur du domaine de Scone, avait envoyé une traverse de chemin de fer en sapin pectiné qui est restée saine après un service de plus de sept ans, alors que les traverses en bois de la Baltique, mises en place auprès de la première et en même temps qu'elles, sont devenues hors d'usage au bout de six années. M M'Corquodale exposait aussi, dans le jardin attenant aux galeries, une barrière (*field gate*) en *Picea nobilis,* dont les poteaux avaient 0ᵐ,15

---

1. Certaines rondelles de mélèze, originaires du domaine de Blair-Athole, avaient de 0ᵐ,50 à 0ᵐ,60 de diamètre avec un aubier de 2 centimètres d'épaisseur seulement. Une autre, provenant du domaine de Beauly, près d'Inverness, avait été détachée d'un mélèze de 64 ans qui cubait près de trois mètres ; elle présentait un diamètre de 0ᵐ,65.

2. Ces résineux étaient des *Abies nobilis, Abies pinsapo, Abies Douglasii, Pinus excelsa, Cedrus Libani, Cedrus Deodara,* etc. — Une planche, provenant d'un cèdre du Liban élevé dans le comté de Perth, mesurait 10 pieds de long (3ᵐ,05) sur 2 pieds 5 pouces (0ᵐ,74) de large. Deux *Abies nobilis,* crûs également dans le comté de Perth, avaient fourni, l'un un plateau de 5 pieds (1ᵐ,53) de long sur 18 pouces (0ᵐ,46) de large, l'autre une rondelle présentant un diamètre de 0ᵐ,60 pour 30 couches annuelles. Une section transversale de *Cedrus Deodara,* originaire de Dumfries, mesurait 0ᵐ,40 de diamètre pour 27 couches ; le bois en avait une très belle apparence.

d'équarrissage et une autre pareille à la précédente en *Abies Douglasii*[1].

Parmi les objets fabriqués, il convient de citer, dans un autre ordre d'idées, des pavés en bois de hêtre exposés par M. Evan C. Sutherland, de Skibo (comté de Sutherland). Il serait intéressant de savoir si l'on a expérimenté industriellement ce nouvel emploi du hêtre; car, en cas de réussite, il y aurait là un débouché très lucratif pour les futaies du nord et de l'est de la France.

S. M. la Reine avait exposé dans le Jardin, en sa qualité de propriétaire du domaine de Balmoral, un chalet construit tout entier en bois de pin. Les planches polies qui en garnissaient l'intérieur présentaient des teintes rosées très agréables à l'œil.

41. Instruments et appareils. — Dans cette classe, nous n'avons à mentionner que des *hypsomètres* ou *dendromètres*. Il paraît d'ailleurs que les forestiers d'Écosse ne sont pas moins désireux que leurs confrères du continent de se distinguer par des inventions de ce genre, car nous avons compté au moins une demi-douzaine d'instruments différents, les uns se tenant à la main, les autres se fixant à des cannes ou à des bâtons. Tous reposaient, naturellement, sur les propriétés du fil à plomb et des triangles semblables, et, comme les applications de ces principes peuvent varier à l'infini, il faut s'attendre à ce que les expositions futures renferment encore beaucoup de nouveautés de l'espèce.

42. Collections scientifiques. — Sous cette rubrique nous signalerons 70 sortes de graines forestières (dont 34 d'essences résineuses) appartenant en propre à la *Scottish Arboricultural Society;* des échantillons de bois dégradés, soit sur pied, soit après abatage, par le gibier, les insectes, les mollusques, les champignons; des souches montrant la carie qui atteint les racines sur certains sols; des sections transversales de tiges et de branches, ainsi que des photographies tendant à prouver les bons effets de l'élagage, etc.

43. Littérature, cartes et plans. — La même Société avait rangé dans une bibliothèque toutes les publications qu'elle avait

---

1. Un poteau d'*Abies Douglasii*, exposé également par M. M'Corquodale, était demeuré sain quoique enfoncé dans le sol pendant sept années.

reçues de leurs auteurs à titre de dons. Nous y avons vu figurer la plupart des ouvrages écrits en anglais qui traitent de questions agricoles ; mais, devant revenir plus tard sur certains de ces livres, nous n'en dirons pas davantage pour le moment.

44. Objets divers. — Nous rangerons dans ce groupe les tableaux à l'huile, les dessins et les photographies destinés à représenter des scènes de la vie forestière, ou à montrer en effigie les objets qu'il était impossible de déplacer. Les albums consacrés aux arbres remarquables d'Écosse formaient le fonds principal de cette collection ; car on comprend que des géants du règne végétal soient admis à l'honneur d'être photographiés. Le régisseur du domaine d'Eskdale (Dumfriesshire), appartenant au duc de Buccleuch, a même eu l'heureuse idée d'indiquer, dans le catalogue, le volume et la hauteur des gros arbres dont il avait envoyé les portraits.

45. Coup d'œil rapide sur les autres envois d'Écosse. — Après les détails que nous venons de donner sur l'exposition particulière de la *Scottish Arboricultural Society,* il nous reste peu de chose à dire des objets adressés directement par des personnes habitant l'Écosse. On ne s'attend pas, en effet, à ce que nous décrivions tous les meubles, pianos, œuvres d'art, vêtements, ustensiles, que les commerçants d'Édimbourg et des autres grandes villes exhibaient à l'envi, sous prétexte que du bois, de l'écorce, des feuilles, ou seulement des substances dérivées de la matière ligneuse entraient dans leur fabrication. Ce serait également abuser du temps du lecteur que de parler des monstruosités telles que loupes, greffes spontanées, conformations bizarres de tiges ou de racines que différentes personnes avaient cru devoir faire figurer à l'Exposition.

Il suffira de savoir que, parmi les articles du catalogue qui concernaient réellement la sylviculture, les plus remarquables étaient des outils de planteurs, d'élagueurs et de bûcherons exposés par des fabricants des districts métallurgiques ; puis aussi des collections de graines et de jeunes plants de résineux appartenant à des pépiniéristes. Ceux-ci ont, en effet, de nombreux établissements dans l'Écosse méridionale, et le jardin de l'Exposition présentait, en pleine terre, les spécimens les plus variés de la flore ligneuse et sous-ligneuse, indigène et exotique.

ARTICLE III

Littérature forestière anglaise.

46. Généralités. — Nous ne quitterons pas la Grande-Bretagne sans parler de la littérature forestière qui y est en voie de création. Les ouvrages consacrés à *l'arboriculture,* et nous entendons par là l'éducation d'arbres considérés individuellement ou disposés par bouquets en vue de la production des fruits ou de l'agrément, n'ont jamais été rares dans ce pays et ils y ont toujours trouvé beaucoup de lecteurs. Mais ce qui faisait défaut jusqu'à présent c'étaient les publications relatives à la *sylviculture* ou, plus généralement, à *l'économie forestière,* c'est-à-dire à l'exploitation rationnelle des forêts, soit pour en tirer du bois, soit pour leur demander des services autres que ceux qui sont purement du domaine de l'esthétique. Or, plusieurs volumes rangés dans la bibliothèque de l'Exposition témoignaient que cette lacune va être comblée ; et, si l'on rapproche de cette circonstance la fondation d'un enseignement sylvicole à Londres et le fait lui-même d'une grande Exposition forestière à Édimbourg, on ne peut plus douter que nos voisins commencent sérieusement à s'occuper d'une branche d'études qui jusqu'à ce jour avait été un peu négligée chez eux.

Comme c'était à prévoir, les officiers du service forestier de l'Inde, ont, grâce à leurs connaissances techniques amassées sur le continent, contribué pour une large part à ce mouvement scientifique. Mais, bien que certains de leurs ouvrages, édités à Londres, soient destinés à tous les lecteurs anglais et aient figuré comme tels à l'Exposition, nous croyons agir d'une façon plus conforme à l'ordre géographique adopté pour notre travail en ne parlant de ces écrits que dans le chapitre consacré spécialement à la section indienne.

Pour la même raison, nous reportons dans une autre partie du présent compte rendu l'analyse sommaire d'un important traité de sylviculture intitulé *The Forester* et publié en Angleterre par un fonctionnaire du Canada, M. James Brown, que nous avons déjà eu l'occasion de nommer.

47. Œuvres du révérend John Croumbie Brown. — Nous ne mentionnerons donc ici qu'une série d'œuvres de vulgarisation dues à la plume infatigable d'un écrivain étranger par sa profession, et probablement aussi par ses études de jeunesse, aux questions de sylviculture, mais que ses goûts ont, paraît-il, porté vers cet ordre de connaissances. Il s'agit de M. le révérend J. Croumbie Brown, anciennement maître de conférences (*lecturer*) de botanique à l'université d'Aberdeen, puis professeur de botanique au *South African College* de Capetown.

Quoique certains ouvrages de cet auteur aient déjà été signalés dans les comptes rendus bibliographiques de la *Revue des Eaux et Forêts,* ils sont encore, dans leur ensemble, peu connus en France. Ils mériteraient pourtant de l'être davantage, ne fût-ce que pour avoir révélé au public anglais le degré d'avancement que l'économie forestière avait atteint, dans notre pays, dès 1669 et pour avoir mis en lumière nos travaux récents de reboisement des montagnes. C'est donc faire acte de courtoisie internationale que de reproduire aux annexes[1] la liste des œuvres de M. J. C. Brown avec quelques indications relatives à leur contenu.

48. Publications périodiques. — Ajoutons, pour terminer, que les intérêts forestiers ont, en Grande-Bretagne, un organe périodique analogue à notre *Revue des Eaux et Forêts* et intitulé *Forestry*[2]. Il remplace depuis 1885 le *Journal of Forestry and Estate Management*[3].

Une autre feuille, *Timber Trade's Journal and Sawmill Advertiser,* ne s'adresse qu'aux négociants et les renseigne sur les arrivages ainsi que sur les cours des bois étrangers.

---

1. Voir l'annexe IV.

2. *Forestry. A Journal of Forest and Estate Management. C. D. R. Anderson.* — Prix : 15 fr. par an.

3. *The Journal of Forestry and Estate Management.* London, J. and W. Rider. — Prix : 15 fr. par an.

CHAPITRE II

INDE BRITANNIQUE (EMPIRE INDIEN)

49. Renseignements statistiques.

Étendue totale (y compris les États tributaires).	372,015,300 hectares.
Population	253,124,000 habitants.

Surface boisée [1] :

Forêts réservées (*reserved forests*)	12,502,448 hectares.
Forêts protégées (*protected forests*).	2,219,630 —
Forêts de district (*district forests*).	4,772,852 ? —
Soumises au régime forestier. . .	19,494,930 ? —
Forêts privées (*private forests*).	20,000,000 h. *au minim.*
Ensemble	40,000,000 h. environ.

Soit 11 p. 100 de l'étendue totale du territoire.

50. Importance de l'Inde au point de vue forestier. — Si le Royaume-Uni renferme peu de forêts et s'il n'existe point, en Angleterre, de service forestier métropolitain comparable aux administrations continentales, l'Inde britannique présente un état de choses tout différent. Non seulement on y rencontre une étendue de terrains boisés presque aussi grande que le territoire de la France, mais une portion considérable de cette surface appartient au Gouvernement, qui en a confié la gestion à un personnel technique, recruté et organisé suivant des règles analogues à celles qui sont en vigueur dans les pays forestiers de l'Europe.

Ce personnel avait envoyé à l'Exposition d'Édimbourg suffisam-

---

1. Les chiffres relatifs à la surface boisée sont tirés d'un rapport officiel de M. l'inspecteur général Schlich, sur l'administration des forêts de l'Inde britannique en 1882-1883 (*Review of the Forest Administration in British India for the year 1882-1883. — Simla, Government Central Branch Press* 1884).

ment d'objets pour constituer une vaste section, plus importante à elle seule que les expositions de toutes les autres possessions britanniques réunies, et débordant dans la grande galerie, en dehors du transept qu'on lui avait primitivement assigné.

Aussi n'est-ce pas dépasser la mesure que de consacrer un chapitre spécial à l'Empire indien qui, au point de vue forestier, mérite aussi bien d'être classé à part, qu'il l'est déjà au point de vue administratif et commercial.

51. Historique des forêts de l'Inde. Faits antérieurs à 1850. — Commençons par mettre le lecteur au courant des principaux faits qui se rapportent à l'histoire de la sylviculture dans ce pays[1].

Dans l'antiquité, l'Inde était couverte de forêts épaisses (c'est ce qui ressort des descriptions du *Ramayana* et du *Mahabharata*), et les produits qu'on en tirait figuraient sur les marchés du monde avant que le nom de l'Inde fût même généralement connu. Ainsi, on a découvert récemment que du bois de teak indien est entré dans la construction des temples de Babylone.

L'occupation graduelle par la race aryenne des vallées de l'Indus, du Jumna et du Gange et l'envahissement de l'Hindoustan méridional par les races dravidiennes eurent pour conséquence le déboisement partiel des plaines d'alluvions de l'Hindoustan et du plateau basaltique du Dekan; mais les forêts primitives continuèrent à couvrir tous les versants méridionaux de l'Himalaya et les côtes montagneuses de Malabar et de Coromandel, puis aussi, au centre de la péninsule, la vaste région de collines arrosée par le Nerbudda et le Taptee et qui est encore connue sous le nom de *Forêt de Gond*.

Dans la période troublée qui suivit la chute de l'Empire mongol, ces restes de forêts furent peu à peu détruits et de grandes étendues de pays furent converties en déserts arides. C'est à partir de ce moment que l'Inde a été exposée à des sécheresses calamiteuses, causes de fréquentes famines.

L'influence des forêts sur le climat était encore bien peu connue

---

1. Les renseignements que nous donnons sur les forêts de l'Inde sont tirés en grande partie d'une notice placée en tête du catalogue de la section indienne et due à sir George Birdwood. Certains passages de notre travail sont même la traduction littérale de ce document.

à cette époque, aussi n'est-ce point par les fléaux dont nous venons de rappeler le souvenir que l'attention du gouvernement britannique fut attirée sur les dangers d'un défrichement exagéré ; l'éveil lui fut donné par la difficulté croissante de se procurer du bois d'un assez fort équarrissage pour les constructions navales, et c'est en vue de maintenir à un niveau convenable l'approvisionnement de bois de teak nécessaire aux chantiers de Bombay que feu le Dr Gibson, attaché au service médical de cette dernière présidence, fut nommé, en 1846, conservateur des forêts.

52. Intervention de la « British Association ». — Tel était l'état de choses dans l'Inde lorsque, en 1850, la *British Association*, qui se réunit cette année-là à Édimbourg, chargea un comité de rédiger un rapport sur les effets probables de la destruction des forêts tropicales. Ce rapport fut déposé l'année suivante au congrès d'Ipswich.

La largeur de vues manifestée dans le document dont il s'agit et la gravité des faits avancés donnèrent à réfléchir au conseil des directeurs de la Compagnie des Indes orientales, et, quelques années après, un service régulier fut établi pour la conservation des forêts dans la présidence de Madras et dans la Birmanie britannique.

53. Premières mesures de conservation. Général Cotton et colonel Michael. — Avant 1848, on n'avait apporté aucun obstacle, dans l'Inde, aux défrichements immodérés auxquels se livraient les populations pour obtenir, sans grande peine, des récoltes luxuriantes sur des sols vierges, et, comme nous l'avons dit plus haut, on ne songeait pas aux effets du déboisement sur la chute des pluies. En 1848, le major-général Frédérick Conyers Cotton, alors capitaine du génie, convainquit le gouvernement de Madras de la nécessité de prendre immédiatement des mesures pour préserver les forêts avoisinant Coïmbatore et Cochin de la destruction dont les menaçaient les agissements des concessionnaires chargés de fournir du bois de teak à l'arsenal de Bombay.

Sur sa recommandation, le colonel Michael, qui était alors simple lieutenant, et qui avait eu l'occasion d'étudier le traitement des forêts sur le continent européen, fut désigné pour le seconder. Le colonel Michael organisa un service régulier, ouvrit des routes à tra-

vers les défilés de la montagne et obtint bientôt d'heureux résultats
au point de vue financier. Ses efforts au point de vue de la conservation des forêts furent encore plus fructueux. On reconnut de suite
qu'il valait beaucoup mieux, dans l'intérêt de l'État, garder intactes
les magnifiques forêts naturelles de la présidence que d'en tirer immédiatement des revenus, et le premier pas qu'on fit dans cette
voie fut de se faire délivrer par le *zemindar* (seigneur) de Colan-
gode une concession de bois de teak de longue durée, et de racheter tous les contrats de moindre importance qu'il avait conclus avec
des marchands de bois. Les forêts de la partie méridionale de la
présidence de Madras, jusqu'auprès de Cochin et de Travancore,
furent ainsi mises et sont restées depuis lors sous bonne garde. On
inaugura aussi un système d'essartements pour protéger les jeunes
peuplements contre les risques d'incendie et on évita de cette façon
la destruction des principales forêts du sud de l'Hindoustan.

**54. Création d'un service forestier régulier. Docteur Cleg-
horn.** — Les avantages de ces mesures devinrent bientôt si évi-
dents, que le conseil des directeurs, vivement impressionné d'ailleurs par le rapport de la *British Association,* étendit à toutes les
autres forêts de la présidence de Madras les dispositions prises par
le général Cotton. Bref, il créa du coup un service forestier régulier,
non seulement dans l'Inde méridionale, mais dans toute la péninsule
et dans la Birmanie britannique. Vers la même époque, le colonel
Michael, dont la santé avait été minée par sept années de séjour
continu au milieu de forêts insalubres, se vit forcé de prendre une
retraite prématurée. Son œuvre fut alors reprise par le docteur
Hugh Cleghorn, qui renonça à une haute position dans le service
sanitaire de l'armée pour devenir le premier conservateur des forêts
dans la présidence de Madras.

M. Cleghorn, que nous avons eu déjà l'occasion de nommer à
différentes reprises dans le cours de notre travail, continua à orga-
niser la nouvelle administration, à Madras, avec tant d'activité et de
succès, qu'il fut bientôt appelé à étendre la sphère de ses opérations
dans le Punjab. Il apporta aussi son concours au docteur Brandis,
dans les forêts du Bengale.

55. Gestion du docteur Brandis. — M. Brandis était venu

d'Allemagne, vers 1850, avec un certain nombre de ses compatriotes, mettre à la disposition de la Compagnie des Indes un fonds
solide de connaissances en histoire naturelle et en sylviculture. Il
s'était distingué en Birmanie à tel point qu'en peu d'années il avait
conquis la situation importante de conservateur des forêts du Bengale. C'était pour lui la dernière étape à franchir avant d'arriver à
la tête du service forestier de l'Inde. Il y parvint en 1862 avec le
titre d'*inspecteur général*.

A partir de cette époque le *Forest Department of India* a acquis
tous les ans plus d'importance ; aussi est-il maintenant l'un des
plus puissants rouages administratifs de l'Empire britannique. Ce
résultat est dû à la haute valeur de son chef, puis aussi au concours
éclairé et dévoué qu'il a trouvé chez tous ses collaborateurs, quelle
que fût leur origine, notamment chez ces vaillants officiers de l'armée de l'Inde qui, transformés en agents forestiers du jour au lendemain, ont su si vite et si bien se mettre à la hauteur de leurs
nouvelles fonctions.

M. Brandis a pris, en 1880, un repos mérité. Il est remplacé aujourd'hui par M. le docteur W. Schlich, son compatriote et ami, qui,
associé depuis longtemps à son œuvre, la continuera dans l'esprit
où elle a été commencée.

C'est M. Brandis qui a préparé les différentes lois dont l'ensemble
constitue le Code forestier indien (*Indian Forest Acts*). Ces textes,
tout en renforçant la position du Gouvernement vis-à-vis des populations, ont maintenu ces dernières en possession de tous ceux de
leurs anciens droits et privilèges qui étaient compatibles avec l'existence des forêts.

56. Envois d'élèves anglais à l'École de Nancy. — C'est également sous l'administration de M. Brandis, en 1866, que le gouvernement britannique a commencé à envoyer à l'École forestière
française des jeunes gens destinés à entrer dans le service de l'Inde.
A l'origine, un nombre de candidats égal à celui qu'on dirigeait
chaque année sur la France recevait l'instruction professionnelle en
Allemagne, mais, à partir de 1874 jusqu'aujourd'hui, toutes les nouvelles recrues ont fait leurs études à Nancy.

Pendant cette longue série d'années, élèves anglais et français ont vécu côte à côte sans que jamais aucun incident fâcheux soit venu troubler leur camaraderie et, d'autre part, la plus grande cordialité n'a cessé de régner entre le personnel enseignant de l'École et les représentants que le gouvernement britannique avait délégués auprès de lui. Il est vrai que des choix portant sur des hommes tels que M. le colonel Pearson et M. le major Bailey ne pouvaient qu'assurer davantage le succès du *modus vivendi* qui a si longtemps et si bien fonctionné. La période dont il s'agit vient de finir, car l'école de Cooper's Hill s'est ouverte l'automne dernier (1885) à une jeune promotion pour qui le chemin de la France ne sera plus aussi familier qu'à ses devancières. Mais nous sommes persuadé que les liens étroits qui ont uni jusqu'à présent les corps forestiers français et anglo-indien n'en seront pas rompus pour cela. A l'heure qu'il est, dans les plaines fécondes qu'arrosent l'Indus, le Gange et l'Iraouaddy, comme au pied des cimes vertigineuses de l'Himalaya et sous le soleil torride du Dekan, 60 agents, dont quelques-uns sont déjà conservateurs, appliquent les doctrines qu'ils ont puisées à l'École de Nancy : malgré leur éloignement, ils ont, à différentes reprises, témoigné du bon souvenir qu'a laissé dans leurs cœurs la maison où se sont faites leurs études ; ces preuves d'attachement sont un gage des bonnes relations qui continueront à exister dans l'avenir entre d'anciens condisciples.

57. Carrière fournie par ces élèves. — D'ailleurs, si les forestiers des deux nations n'ont eu qu'à se louer des rapports nés de leur communauté d'origine, l'administration supérieure de l'Inde et le Gouvernement de la Reine ne paraissent pas non plus avoir lieu de se plaindre du mode de recrutement, essentiellement provisoire, qui vient de prendre fin. Parmi les officiers formés à Nancy, il en est qui se sont déjà montrés dignes d'occuper des postes de confiance, et, en parcourant l'Exposition d'Édimbourg, on pouvait se convaincre qu'il règne entre eux tous une émulation féconde au point de vue des connaissances techniques et du zèle professionnel. Aussi nous croyons-nous autorisé, en écrivant ces lignes, à reporter sur l'établissement auquel nous avons l'honneur d'appartenir une portion des éloges décernés à la section indienne par les personnes compétentes qui ont eu la bonne fortune de la visiter.

58. Cadres et budget du service forestier. — Le département des forêts est actuellement constitué de la façon suivante :

A. — GOUVERNEMENT DE L'INDE, Y COMPRIS LA BIRMANIE
BRITANNIQUE.

1 *inspecteur général ;*
10 *conservateurs,* dont l'un est, en même temps, directeur de l'école secondaire de Dehra-Dun et chef
du service géodésique ;
56 *sous-conservateurs (Deputy-Conservators) ;*
34 *aides-conservateurs (Assistent-Conservators) ;*
22 *sous-aides-conservateurs (Sub-Assistent-Conserva-
tors) ;*
113 *officiers subalternes (Rangers).*

L'école de Dehra-Dun, fondée en 1878, est destinée à former un personnel d'agents subalternes (*Rangers*), tirés de la population indigène et correspondant à peu près à nos anciens gardes généraux adjoints. Le personnel de cet établissement comprend, outre le directeur, qui figure dans les cadres ci-dessus, plusieurs fonctionnaires du rang de sous-conservateur, savoir :

1 sous-directeur de l'école ;
1 professeur de sciences physiques ;
1 sous-chef du service géodésique;
1 vérificateur des aménagements.

Le titulaire actuel de la direction est M. le major Bailey, du corps royal du génie, que nous avons eu le plaisir de posséder à Nancy, pendant un congé de trois ans, comme délégué de l'Office de l'Inde auprès de l'École forestière. Il est remplacé provisoirement à Dehra-Dun par le sous-directeur, M. Fisher, l'un des élèves dont l'École de Nancy a le plus de droit de s'enorgueillir et que son jeune âge n'a pas empêché d'être revêtu d'une des fonctions les plus importantes du département. C'est également un de nos camarades, M. Fernandez, qui, en sa qualité de vérificateur des aménagements, est chargé d'enseigner les éléments de cet art.

B. — GOUVERNEMENT DE MADRAS.

2 *conservateurs ;*
14 *sous-conservateurs ;*
8 *aides-conservateurs ;*
8 *sous-aides-conservateurs ;*
44 *officiers subalternes.*

C. — GOUVERNEMENT DE BOMBAY.

3 *conservateurs ;*
6 *sous-conservateurs ;*
16 *aides-conservateurs ;*
3 *officiers ff^{ns} d'aides-conservateurs ;*
10 *sous-aides-conservateurs ;*
3 *officiers ff^{ons} de sous-aides-conservateurs ;*
26 *officiers subalternes.*

Les sommes allouées chaque année à ce personnel, à titre de traitements, de frais de tournée, d'indemnités supplémentaires, etc., s'élèvent au chiffre total de 5,200,000 fr.

59. Législation forestière. — Le Code forestier, que nous avons mentionné plus haut comme étant dû à l'initiative de M. Brandis, a eu pour but d'asseoir sur une base légale l'autorité du nouveau service. Il se compose jusqu'à présent de trois parties : l'une, promulguée en 1878, s'applique à l'Inde en général, y compris la présidence de Bombay ; une seconde, datant de 1881, concerne seulement la Birmanie britannique ; la troisième, adoptée en 1882, se rapporte à la présidence de Madras. Ces trois parties reposent sur les mêmes principes et ne diffèrent pas beaucoup dans les détails.

60. Classement administratif des forêts. — Les *Indian Forest Acts* divisent les forêts de l'Inde en 3 catégories :

Les forêts réservées (*reserved forests*) ;
— protégées (*protected forests*) ;
— privées (*private forests*).

Les *forêts réservées* sont gérées complètement par l'administration et sont considérées comme des sources de profits immédiats et futurs. Elles ont été arpentées, délimitées et abornées ; le sartage y est interdit et l'on y prend des précautions contre les incendies qui risquent tous les ans d'y éclater par les grandes chaleurs ; enfin les exploitations y sont strictement réglées.

Il faut rattacher aux forêts réservées les *plantations domaniales* (*State Plantations*), qui sont des terrains reboisés artificiellement et affectés à l'éducation en futaie de sujets d'essences précieuses, destinés à fournir soit du bois d'œuvre, comme le teak, soit des produits accessoires, comme le *Ficus elastica.*

Il y a lieu, aussi, de faire rentrer dans la catégorie des forêts réservées, les *forêts louées* (*Leased Forests*). Ce sont des domaines boisés dont le Gouvernement a pris la gestion pour mettre fin à des abus de jouissance contraires à l'intérêt général, et pour lesquelles il paie une sorte de fermage, une rente, aux propriétaires.

Les *forêts protégées* sont l'objet d'une surveillance moins stricte que les précédentes et les populations peuvent y exercer, sauf certaines restrictions, leurs droits traditionnels de mise en culture, de pâturage et de coupe de bois. Il n'y a que quelques essences précieuses dont l'abatage soit interdit.

Les *forêts privées* sont celles qui appartiennent aux *rajahs, zemindars* et autres propriétaires fonciers de l'Inde. Leur gestion n'est contrôlée que dans la mesure où cela est nécessaire pour empêcher leur destruction.

Outre les trois grandes catégories qui viennent d'être mentionnées, il faut citer encore les *forêts de district* (*District Forests*). Ce sont celles qui ont été mises en totalité ou en partie à la disposition du Gouvernement, sans avoir pourtant été érigées en forêts réservées ou protégées par la loi forestière de la province où elles sont situées.

61. Contenances des diverses classes de forêts. — La surface des forêts réservées de l'Inde est d'environ 12,502,448 hectares, y compris les plantations domaniales et les forêts louées. — Les plantations domaniales dépendant des présidences du Bengale et de Madras couvrent actuellement environ 40,000 hectares. L'étendue des plantations exécutées dans le gouvernement de Bombay n'a fait encore l'objet d'aucun relevé. — Quant aux forêts louées, elles occupent 98,420 hectares.

Les *forêts protégées*, qui ont une contenance totale de 2,219,630 hectares, sont comprises pour les cinq huitièmes dans la présidence de Bombay. Il n'y en a point dans celle de Madras.

Les renseignements relatifs à l'étendue des *forêts privées* manquent encore d'exactitude. Dans les provinces centrales, cette étendue s'élève à environ 9,000,000 d'hectares, tandis que les forêts du Gouvernement ne couvrent que 5,180,000 hectares ; dans le Bengale, les *zemindars* détiennent de 10 à 13 millions d'hectares contre 3,044,286 administrés par les agents de l'État ; dans les autres provinces, les forêts domaniales ont une plus grande surface que celles des particuliers ; mais, pour l'ensemble, il est à présumer que ces dernières forment le total le plus élevé.

62. Rendement des forêts en argent. — Avant 1848, le rendement des forêts possédées par le Gouvernement était à peu près nul ; on ne les soumettait pas à des exploitations systématiques. En 1867-1868, ce rendement s'est élevé à 8,275,000 fr. ; en 1882-1883, à plus de 22,800,000 fr. [1].

Les dépenses de toutes sortes s'étant soldées dans cette dernière année par 13,800,000 fr., on voit que le revenu net est de 9 millions de francs, soit environ 40 p. 100 du revenu brut.

Il faut observer, d'ailleurs, que, même au point de vue financier, le revenu annuel des forêts de l'Inde est fort peu de chose en comparaison de la valeur capitale des richesses forestières sauvées par le gouvernement britannique d'une destruction certaine. Grâce à cette épargne prévoyante, la disette de bois d'œuvre qui menace l'Europe industrielle sera en grande partie conjurée pour l'Angleterre.

Enfin, et c'est peut-être là la conséquence la plus importante qui doive découler de la conservation des forêts de l'Inde, les sécheresses et, par suite, les famines vont être réduites peu à peu à leur minimum.

Et tout cela, comme le fait observer sir George Birdwood, a été

---

1. Dans ces évaluations, tirées de documents où les sommes d'argent sont exprimées en *roupies*, nous avons attribué à cette unité sa valeur au pair, soit 2 fr. 38 c. ; mais, en réalité, le change la fait actuellement baisser à 2 fr. 10 c. environ.

effectué en 35 ans, tout cela est l'œuvre d'une seule génération.
Elle aura bien mérité de son pays.

63. Constitution des forêts. Région de l'Himalaya. — Il
reste à dire quelques mots de la constitution des forêts de l'Inde au
point de vue botanique ou plutôt sylvicole.

Dans le nord de la péninsule, sur les versants et les premiers con-
treforts de l'Himalaya, les essences résineuses dominent et l'on rencontre des cèdres (*Cedrus Deodara*), des pins (*Pinus excelsa* et *P.
longifolia*), des sapins (*Abies Smithiana* et *A. Webbiana*). Les quelques feuillus qui leur sont mélangés appartiennent notamment au
genre chêne (*Quercus dilata, Q. incana, Q. semecarpifolia*).

64. Provinces du Nord et du Nord-Ouest. — Au bas des
montagnes, dans les vastes plaines du Punjab, des provinces Nord-
occidentales, du Bengale et de l'Assam, les essences n'appartiennent
plus à des genres européens et la flore tropicale commence à se
montrer. La principale espèce forestière de cette région est le *sal*
(*Shorea robusta*), qui constitue à lui seul de vastes peuplements ;
puis viennent des essences moins importantes, qui croissent en mélange, par exemple :

Le *sein* (*Terminalia tomentosa*) ;
Le *dhaura* (*Anogeissus latifolia*) ;
Le *pymma* (*Lagerströmia flos reginæ*) ;
Le *bakli* (*Lagerströmia parviflora*) ;
Le *haldu* (*Adina cordifolia*).

Il y a aussi, dans les terres basses de cette région, le long des rivières, des peuplements formés par le *sissu* (*Dalbergia Sissoo*) et le
khair (*Acacia Catechu*), enfin d'immenses massifs de bambous (notamment de *Dendrocalamus strictus*).

65. Aire d'habitation et caractères culturaux du teak. —
Dans la partie méridionale des provinces que nous venons de citer,
on voit apparaître le roi des végétaux forestiers de l'Inde, le chêne
des tropiques, le *teak* (*Tectonia grandis*). Mais le teak, comme notre
chêne, est une essence de lumière que les essences d'ombre tendent
toujours à déposséder du terrain qu'il occupe, et ce n'est que grâce
à un concours de circonstances exceptionnelles qu'il constitue des

massifs purs. En général, on ne le rencontre que par pieds épars au milieu de sujets d'essences secondaires, et on a beaucoup de peine à le maintenir dans les peuplements en proportion convenable. Cela est d'autant plus difficile que les exploitants ne touchent pas aux essences secondaires, à peu près totalement dénuées de valeur, tandis qu'ils recherchent avidement les teaks pour les extraire.

Aussi cette essence précieuse court-elle grand risque d'être éliminée, et, en fait, on la voit disparaître là où le forestier ne lui donne pas de soins tout particuliers. La conservation du teak constitue donc pour le sylviculteur indien une tâche aussi importante et aussi délicate que l'est, pour le forestier français, l'éducation du chêne. Comme cela a lieu dans quelques cas pour cette dernière essence, la régénération du teak n'est pas toujours assurée par la voie naturelle, et l'on est parfois obligé de recourir à la plantation pour le perpétuer.

66. Provinces centrales et méridionales. — Dans les provinces centrales de l'Inde et dans les présidences de Madras et de Bombay, le sal et le teak sont encore assez nombreux et trouvent des conditions de végétation assez bonnes pour qu'on puisse se proposer de leur donner la prééminence dans les peuplements.

Malheureusement, plus on s'avance vers le sud de l'Hindoustan, plus on voit (en général, et abstraction faite des bords de la mer et de l'extrême pointe de la péninsule) les forêts se dégrader sous l'action combinée de la sécheresse, des incendies et du pâturage des chèvres. Ce qu'on appelle forêts dans ces contrées arides sont plutôt des broussailles et des *jungles* que des peuplements d'avenir.

67. Birmanie. — Quant à la Birmanie, avec son climat à la fois chaud et humide et son sol fertile, c'est la région où les forêts sont le plus luxuriantes et le plus riches en bois précieux. Le teak y est très abondant et c'est là surtout que va le chercher le commerce d'exportation. On en a extrait, en 1882-1883, 48,326 tonnes, soit 54,705 mètres cubes.

68. Plan adopté pour l'étude de la section indienne. — Ce que nous venons de dire a sans doute déjà expliqué au lecteur comment la section indienne a pu occuper une place si importante à l'Exposition d'Édimbourg. Il comprendra d'ailleurs aussi que

nous ne donnions qu'un aperçu sommaire des objets dont cette intéressante section se composait, car la liste de ceux-ci, accompagnée,
il est vrai, d'explications et de renseignements statistiques divers,
remplit une brochure de 114 pages. Pour la clarté de notre compte
rendu, nous allons nous servir encore de la classification dont nous
avons déjà fait usage à propos de la *Scottish arboricultural Society*.

69. Produits forestiers bruts. Bois. — Les spécimens de bois
propres à l'œuvre étaient fort nombreux. Les uns étaient restés
en troncs ou billons ; d'autres affectaient la forme de sections transversales ou longitudinales ; quelquefois ils présentaient des surfaces
polies, ce qui faisait valoir les veines et la coloration de leurs
tissus.

La diversité était aussi très grande au point de vue des essences.

70. Tectonia grandis (teak). — En tête se plaçaient des échantillons de bois de teak. Les plus remarquables avaient été adressés
par M. Hadfield, aide-conservateur à Nilambur. C'était une série de
33 billons provenant de sujets plantés à des époques connues. Ils
témoignaient de la vigueur étonnante avec laquelle croît cette précieuse essence lorsqu'elle est placée dans des conditions favorables
de sol et de climat et soumise à un traitement approprié à ses exi-
gences. Le catalogue fournit, en ce qui concerne ces échantillons,
des renseignements du plus grand intérêt que nous reproduisons
aux annexes [1].

Après le teak venaient les autres essences propres au service ou
à l'industrie. Grâce aux notices insérées dans le catalogue, nous
pouvons donner quelques renseignements sur les principales d'entre
elles.

71. Abies Smithiana et A. Webbiana. — Ces conifères cor-
respondent, dans l'Himalaya, à notre épicéa et à notre sapin pectiné.
Les propriétés de leur bois nous paraissent suffisamment caracté-
risées par ce rapprochement.

72. Acacia catechu. — Ce végétal, appelé vulgairement *cutch*
en anglais, est un arbre de moyenne taille, épineux ; commun dans
la majeure partie de l'Inde et de la Birmanie, il étend son aire d'ha-

---

1. Voir l'annexe V.

bitation à l'ouest, vers l'Indus, jusqu'au pied de l'Himalaya. Son aubier est jaune-blanc, son bois parfait rouge, tantôt clair, tantôt foncé, extrêmement dur. Il se dessèche sans se tourmenter et prend un beau poli; sa durée est très grande. Il n'est attaqué ni par les fourmis blanches ni par le taret. On l'emploie pour faire des mortiers où l'on broie le riz, des pressoirs pour écraser les graines oléagineuses et la canne à sucre, des ustensiles aratoires, des jougs, des pièces de charronnage. Il sert, en Birmanie, à la construction des maisons et les steamers de la flottille de l'Iraouaddy le consomment en grande quantité dans leurs machines. Dans le nord de l'Inde, on en fait d'excellent charbon. Il a été trouvé bon pour l'emploi en traverses de chemin de fer, et les faibles dimensions de sa tige, par conséquent le grand déchet occasionné par son débit, sont probablement les seules causes qui l'empêchent d'être plus souvent mis en œuvre.

73. Adansonia digitata. — L'*Adansonia digitata* (le *baobab* d'Afrique) est probablement l'arbre le plus colossal du monde. On en a vu des sujets de 9 mètres de diamètre. Il provient de l'Afrique tropicale, mais il a été introduit avec succès sur quelques points de l'Inde. Son bois est clair, tendre et poreux. Les pêcheurs en font des radeaux pour naviguer sur les étangs.

74. Aquilaria Agallocha. — L'*Aquilaria Agallocha* (*colamboc* ou *bois d'aigle*) est un grand arbre vert qu'on rencontre surtout dans la presqu'île de Malacca et l'archipel Malais. Son bois est blanc, tendre, même spongieux, odorant quand il est fraîchement coupé. Il ne pèse guère que 333 kilogrammes par mètre cube. Dans l'intérieur des vieux troncs se trouvent des masses irrégulières de bois plus dur et plus foncé qui constituent le fameux *bois d'aigle* du commerce (*eagle-wood*), appelé *kaya garu* par les Malais et *akyau* par les Birmans. L'akyau est, dit-on, le produit forestier le plus important de la région située au sud de Tenasserim, ainsi que de l'archipel de Mergouï. On le trouve en fragments de formes et de dimensions variables, habituellement, sinon toujours, aux endroits où l'arbre a reçu jadis quelque blessure. Pour le récolter, on permet aux concessionnaires d'abattre les arbres et de les laisser pourrir sur place pendant 3 ans ; au bout de ce laps de temps, ils débitent les troncs et en détachent facilement les parties précieuses.

75. Areca Catechu. — L'*Areca Catechu,* ou *palmier de bétel,* est cultivé dans toute l'Inde tropicale. Il porte un fruit appelé *noix d'areca* ou *noix de bétel.* C'est un des palmiers les plus élégants de cette contrée ; son stipe cylindrique et élancé atteint 30 mètres de hauteur. La spathe qui enveloppe l'axe fructifère peut servir à la fabrication du papier. On se sert de son bois pour faire des jougs, des hampes de piques, et, à Ceylan, des poteaux d'échafaudage.

76. Bischoffia Javanca. — Cette essence fournit un bois rugueux, de dureté moyenne, un peu plus coloré au cœur que dans l'aubier. On le regarde dans l'Assam comme l'un des meilleurs bois de service et il sert à faire des ponts et d'autres constructions. On l'appelle quelquefois *cèdre rouge.*

77. Cedrus Deodara. — Le *Cedrus Deodara* ou *cèdre de l'Himalaya* constitue une des essences résineuses les plus abondantes et les plus utiles de la région montagneuse de l'Inde septentrionale. Son bois paraît avoir les qualités de celui du cèdre du Liban. Il donne, en tous cas, d'excellentes traverses de chemin de fer, qu'on n'a pas besoin d'injecter. Nous avons vu qu'on l'a naturalisé avec succès en Écosse.

78. Dalbergia Sissoo. — Le *Dalbergia Sissoo* (le *sisoo* ou *sissu* des indigènes) est un bois d'une longue durée, qui se dessèche sans se gondoler ni se déjeter. Nul autre ne lui est préférable pour les moyeux et les jantes de roues, les carcasses de voitures, la sculpture. Autrefois on l'employait en grande quantité à la fabrication des affûts de canons, et il convenait admirablement à cet usage, comme le prouve le fait suivant. Pendant la campagne de l'Afghanistan, des batteries montées sur des affûts en sissu ont roulé constamment sur le terrain le plus raboteux qu'on puisse imaginer, sans éprouver aucune avarie, tandis qu'il est notoire que les roues faites à Woolwich, spécialement pour le service de l'Inde, avec les meilleurs bois des arsenaux de la métropole, tombent presque en pièces après quelques mois d'usage dans les plaines du Gange.

79. Diospyros Kurzii. — Le *Diospyros Kurzii* (*bois de marbre*) est un arbre vert originaire des îles Andaman. La matière ligneuse qu'il fournit est veinée de blanc et de gris et les parties foncées en sont extrêmement dures. La masse d'ébène qui occupe tout le centre du tronc est de forme irrégulière; on s'en sert pour l'ébénisterie.

80. Fagræa fragrans. — Tel est le nom d'une essence à feuilles persistantes de la Birmanie, dont le bois brun, dur, à grains serrés, bien maillé, est très durable et ne craint pas les attaques du taret. C'est une des essences les plus importantes de la Birmanie; il sert à la construction des édifices, des ponts, des jetées.

81. Ficus bengalensis. — Le *Ficus bengalensis* (le *banyan*) peut être considéré comme l'un des arbres les plus caractéristiques de l'Inde. Il forme souvent à lui seul des forêts entières, par suite de sa propriété d'émettre des racines adventives partant de ses branches. Le célèbre banyan du jardin botanique de Calcutta, né, paraît-il, en 1782, d'une graine déposée dans la couronne d'un dattier, présentait, en 1863, une cime de 100 mètres d'envergure sur 24 mètres de hauteur. Son bois est peu estimé, mais il se conserve bien sous l'eau; aussi l'emploie-t-on pour cuveler les puits.

82. Garcinia travancorica. — Le *Garcinia travancorica* a un bois parfait rouge foncé, très dur, à texture serrée, avec de belles veines plus claires. Il n'a pas beaucoup d'usages, mais sa splendide coloration, ainsi que la façon dont il se travaille et se polit devraient le faire rechercher par l'ébénisterie.

83. Hopea odorata. — Le *Hopea odorata* (*thingan*) donne des traverses de chemin de fer.

84. Lagerstromia flos reginæ. — Le *Lagerströmia flos reginæ* passe en Birmanie pour l'essence la plus précieuse après le teak. On l'emploie pour la construction des navires, bateaux et canots, pour celle des édifices, pour le charronnage, et à Ceylan pour la fabrication des tonneaux.

85. Pinus excelsa et P. longifolia. — Le *Pinus excelsa* ou *blue pine* (*pin bleu*) et le *Pinus longifolia* ou *chir* des indigènes remplacent, dans la région de l'Himalaya, notre pin sylvestre.

86. Pistacia integerrima. — Le bois du *Pistacia integerrima* a un tissu dur, à grains serrés et égaux, de couleur brune, avec de belles veines jaunes; il prend un beau poli. L'aubier est attaqué par les insectes, mais le bois parfait a une longue durée et est très estimé : c'est le meilleur bois du N.-O. de l'Himalaya pour la menuiserie. Aussi cette essence est-elle exploitée d'une façon immodérée.

87. Shorea robusta. — Le *Shorea robusta* (le *sal*) est presque sans rival au point de vue de la force, de l'élasticité et de la durée. C'est le bois d'œuvre le plus usité dans le nord de l'Inde. On a recours à lui constamment pour faire les palées, les travures et les tabliers des ponts, le solivage et les poteaux d'huisserie des maisons, des affûts de canons, des coffres de chariots, et, avant tout, des traverses de chemins de fer.

88. Xylia dolabriformis. — Enfin le *Xylia dolabriformis* (le *bois de fer* du Pégou et de l'Arakan) sert, en Birmanie, à la confection des bateaux, des ustensiles aratoires, des chariots, des manches d'outils. Dans l'Inde méridionale, on en fait des traverses de chemins de fer ; en Birmanie et au Bengale, des poteaux télégraphiques. Il a pour densité 0,866.

89. Écorces. — La section de l'Inde à l'Exposition d'Édimbourg renfermait aussi des échantillons d'écorces en nombre considérable. Les unes, comme celles du *manguier (Mangifera indica)*, du *ber (Zizyphus jujuba)*, du *katuwa (Garuga pinnata)*, de l'*amaltas (Cassia fistula)*, servent à la tannerie ; d'autres, par exemple celles du *maljan (Bauhinia Vahl)* et de l'*udala (Sterculia villosa)*, sont textiles et employées à la fabrication des cordes et des nattes ; d'autres encore, comme celles du *jiko (Daphne oleoides)* et du *bair (Quercus incana)*, servent à la teinturerie ; il y en a enfin, notamment l'écorce d'un bouleau *(Betula bhojpatra)*, qui fournissent du liège.

90. Fruits. — Puis venaient les fruits. Quelques-uns sont comestibles : tel est celui du manguier, cultivé dans l'Inde entière. D'autres, en quantité innombrable, renferment des graines dont on tire de l'huile.

91. Bambous. — Les bambous, les rotins et autres tiges creuses ou flexibles des genres *Bambusa, Calamus, Dendrocalamus*, avec lesquelles on fait des cannes, des tuyaux, des meubles légers, étaient groupés en bottes ou faisceaux. Certains bambous avaient jusqu'à 24 mètres de long.

92. Plantes sous-ligneuses et herbacées. — Enfin, à côté des végétaux ligneux, on avait aussi placé les plantes sous-ligneuses et herbacées qui croissent spontanément dans les forêts et dont les usages, comme matières textiles ou tinctoriales et comme substances médicinales, drogues, épices, formeraient une liste interminable.

93. Produits fabriqués. Bois mis en œuvre. — Outre les objets que nous venons d'énumérer et qui, nous le répétons, étaient exposés bruts, le service forestier de l'Inde avait envoyé des produits déjà plus ou moins transformés par l'industrie.

Ainsi, en ce qui concerne les bois d'œuvre, le conservateur des forêts de Rangoun (cercle du Pégou, Birmanie) montrait des traverses de chemin de fer en bois de *Xylia dolabriformis, Lagerströmia Flos Reginæ, Hopea odorata.*

Les bois parvenus à un degré de fabrication encore plus avancé et présentés sous forme de meubles, de chariots, d'ustensiles aratoires, d'outils ne manquaient pas non plus. Mais c'étaient surtout les menus objets, tels que coffrets en santal, coupes, plioirs, encriers en ébène qui pullulaient sur les étagères.

94. Produits fabriqués autres que ceux en bois. — Les produits forestiers autres que le bois occupaient une large place, et nous leur consacrerons quelques lignes, à cause du rôle considérable que jouent certains d'entre eux dans l'importation et dans l'industrie européennes.

95. Gommes et résines. — Les gommes et les résines constituent la branche de produits accessoires la plus importante des forêts de l'Inde. Elles proviennent notamment des espèces végétales suivantes :

L'*Acacia arabica,* qui fournit, dans l'Hindoustan, la gomme arabique.

L'*Acacia Catechu,* déjà nommé dans la liste des bois d'œuvre. La résine qu'on en extrait, appelée *cachou* en français, sert en médecine et dans le tannage des cuirs. On le prépare en faisant évaporer une décoction de bois et de gousses fraîches. Quand la décoction commence à bouillir, on plonge dans le liquide de menus branchages : il s'y dépose une substance cristalline appelée *kath* que les indigènes consomment comme aliment. Après l'enlèvement du kath, on continue à laisser bouillir jusqu'à ce que le cachou solide se dépose.

L'*Acacia Senegal* produit une gomme qu'on recueille et vend dans le Sind, en mélange avec celle de l'*A. arabica,* sous le nom de gomme arabique.

Le *Canarium strictum,* grand arbre de l'Inde méridionale. On en tire une résine brillante qu'on emploie en pharmacie et aussi comme succédané de la poix de Bourgogne. On la récolte en pratiquant des incisions verticales dans l'écorce de l'arbre sur pied, puis en mettant le feu au tronc.

Le *Ficus elastica* (*India rubber tree*), qui fournit, comme on sait, le caoutchouc. On le cultive en grand, notamment dans l'Assam, où, en 1880, on en avait déjà planté plus de 300 hectares.

Le *Pterocarpus marsupium.* Commun dans l'Inde centrale et méridionale, cet arbre produit une gomme-résine rouge appelée *kino.* C'est un bon astringent, très usité en médecine. On l'extrait de l'arbre au moment de la floraison, en faisant des incisions dans l'écorce.

Le *Shorea robusta* ou sal, déjà mentionné dans la liste des bois d'œuvre. Sa résine est un astringent employé en cas de dysenterie.

96. Matières tinctoriales ou tannantes. — Les matières tinctoriales ou tannantes et les mordants étaient exposés sous forme de poudres ou de menus fragments. Parmi les végétaux dont ils étaient tirés, il convient de citer :

Le *Mangifera indica* ou manguier, dont nous avons déjà signalé le fruit comestible et l'écorce propre au tannage des cuirs ;

Le *Semecarpus Anacardium,* dont le fruit contient dans son péricarpe un principe très astringent, universellement employé comme encre à marquer le linge.

97. Fibres textiles. — Les fibres libériennes ou ligneuses utilisées par les cordiers, les vanniers, les fabricants de papier, etc., avaient été expédiées à Édimbourg, tantôt à l'état demi-brut (pâte à papier), tantôt complètement transformées en câbles, nattes, paniers et autres articles du même genre. Une des sources les plus importantes de cette classe de produits est le *Caryota urens,* beau palmier dont les feuilles donnent une fibre très résistante convertie en cordes, filets, brosses, balais.

98. Huiles, savons et parfums. — Les huiles, savons et parfums remplissaient des files de bocaux sur les étiquettes desquels figuraient les noms des espèces végétales dont provenaient ces substances. Nous nous rappelons :

Le *Cinnamomum zeylanicum* (le *cinname* ou *cinnamome* des anciens), dont le liber fournit une huile essentielle très employée dans la parfumerie, tandis que les feuilles et les racines donnent d'autres huiles moins estimées ;

Et le *Pogostemon*, dont on extrait le patchouli.

99. Analogie entre la flore de l'Indo-Chine et celle de l'Inde. — Nous bornerons là l'énumération des objets à faire rentrer dans le groupe des produits bruts ou fabriqués. Si, malgré les omissions que nous avons nécessairement dû commettre en raison de la multiplicité desdits objets, on reprochait à notre nomenclature d'être trop longue et trop fastidieuse, nous justifierions, peut-être, les détails où nous sommes entrés, en rappelant que certaines essences de l'Inde britannique, et non les moins estimables, se retrouvent à l'état spontané ou du moins pourraient être introduites avec avantage dans l'Indo-Chine française.

100. Envois provenant d'anciens élèves de Nancy. — Bien que la partie de l'Exposition qui nous occupe fût l'œuvre collective de l'*Indian Forest Department*, chaque envoi figurait au catalogue sous le nom du fonctionnaire dont il émanait. Nous avons ainsi pu constater que plusieurs anciens élèves de l'École de Nancy ont contribué à recueillir les objets ci-dessus mentionnés. Ce sont : MM. A. Moir, conservateur des forêts du Cercle de l'École, à Dehra-Dun ; J. P. S. Gamble, conservateur des forêts du Cercle nord de la présidence de Madras ; E. D. M. Hooper, conservateur, et A. W. Lushington, aide-conservateur dans la même présidence. M. Gamble avait fait insérer dans le catalogue, à la suite de la liste des objets recueillis par ses soins, une intéressante notice sur les forêts de sa conservation.

101. Appareils et instruments divers. — Ce groupe était beaucoup moins riche que le précédent. Il comprenait surtout des-

modèles de huttes de bûcherons et de ponts rustiques en troncs d'arbres, envoyés, pour la plupart, par les officiers forestiers du Punjab.

Comme il fallait s'y attendre, les *dendromètres* n'avaient pas été oubliés. Nous en avons aperçu un inventé par M. G. Hight, du service de Bombay. C'était une planchette en forme de quart de cercle munie d'une alidade suivant un de ses rayons, avec un perpendicule au centre, et dont le limbe portait l'indication des tangentes naturelles des angles de visée.

102. Collections scientifiques. — Sous cette rubrique, il faut mentionner tout d'abord l'*Index Collection,* c'est-à-dire la *Collection-type,* envoyée par le gouvernement de l'Inde. C'est l'ensemble de spécimens le plus complet qu'on puisse mettre sous les yeux du savant, du commerçant et de l'industriel, pour leur donner une idée des ressources forestières de l'empire. Cette collection fait grand honneur à M. G. W. Strettell, vice-conservateur de la division des *Sunderbunds,* qui a été chargé de la réunir, et il serait regrettable qu'elle eût été dispersée après la clôture de l'Exposition. Elle formerait un excellent fonds pour le musée de la nouvelle école forestière de Cooper's Hill. Nous avons compté, sur la partie du catalogue relative à cette collection, 1,064 espèces d'arbres aptes à fournir du bois d'œuvre dans l'Inde entière. L'énoncé seul de ce chiffre montre les difficultés de la tâche qu'assumerait un forestier qui ne voudrait pas se spécialiser dans une seule région.

Signalons encore, dans le groupe qui nous occupe, des échantillons de bois de teak perforés par les galeries d'un gros coléoptère dont le nom vulgaire est *Borer Beetle.* Cet envoi de M. J. Mein, vice-conservateur dans l'Assam, prouve que la ressemblance du teak avec le chêne se complète par la similitude des dangers auxquels sont exposées ces deux essences.

M. le Dr Hugh Cleghorn avait aussi mis sous les yeux du public des échantillons montrant les dégradations causées par des insectes dans différentes sortes de bois.

103. Littérature et cartographie en général. — A notre avis, c'est là le groupe qui permet le mieux de juger du degré de perfectionnement auquel est arrivée la valeur technique d'un personnel administratif. L'*Indian Forest Department* n'avait pas à redouter les résultats de ce criterium. Les livres et brochures sortis de la plume des forestiers du service indien se trouvaient en deux endroits de l'Exposition : les écrits qui n'avaient pas de caractère officiel étaient rangés, pêle-mêle avec ceux des différentes nations, dans un meuble de la galerie principale; les ouvrages ou mémoires publiés avec l'attache du Gouvernement avaient été réunis et placés à part, dans le transept de la section indienne, par les soins de M. le Dr W. Schlich, inspecteur général des forêts du gouvernement de l'Inde.

104. Manuel de Sylviculture de M. Bagneris. — Parlons d'abord de la première série de publications. Nous y avons vu avec plaisir figurer le *Manuel de Sylviculture* de notre regretté maître M. Bagneris, traduit en anglais par deux de ses anciens élèves, MM. Fernandez et Smythies[1]. Ces deux jeunes agents ont fort bien reproduit la physionomie sans prétention de ce petit traité élémentaire. Et pourtant leur tâche était assez délicate, car une terminologie forestière consacrée par l'usage n'existant pas encore en anglais, il leur fallait inventer des expressions nouvelles ou attribuer des sens nouveaux à des mots anciens pour rendre les idées de l'auteur. Mais si leurs néologismes ne sont pas à l'abri de la critique, il faut peut-être en rejeter, au moins en partie, la faute sur les imperfections de notre propre terminologie forestière qui semble manquer parfois de la précision scientifique qu'on exige aujourd'hui. Quoi qu'il en soit, la publication dont il s'agit a eu le succès qu'elle méritait : accueillie avec éloges par la presse anglaise, elle est employée actuellement, comme livre de classe, dans certains établissements d'instruction professionnelle, notamment dans l'*Agricultural College* de Circenster.

105. Traité d'aménagement et d'estimation des forêts par M. Mac-Gregor. — A côté de la sylviculture française se trouvait la sylviculture allemande. M. J.-L. Mac-Gregor est un officier du service de Bombay qui a, sans doute, fait ses études en Allemagne,

---

1. *Elements of Sylviculture, translated from the French of Bagneris, by Messrs Fernandez and Smythies.* — London, W. Rider and Son, 1883.

car il semble être très au courant des théories savantes dont l'aménagement et l'estimation des forêts ont été l'objet dans ce dernier pays. Il les expose d'une façon méthodique dans un ouvrage qui sera consulté avec fruit par les agents anglais sortis de l'École de Nancy qui seraient désireux de connaître la façon dont certaines questions forestières sont envisagées dans d'autres milieux [1]. Le livre se divise en deux parties : l'une traitant des principes généraux qui régissent la matière, l'autre du levé des parcelles et de l'étude analytique des forêts, avec l'application à leur aménagement des règles posées dans la première partie. L'auteur donne toutes les formules employées par les Allemands, d'une part, pour la détermination de la *possibilité*, c'est-à-dire de la quotité de matière qu'on peut retirer des forêts, tout en cherchant à les constituer d'une façon normale, et d'autre part, pour la fixation de leur *rente foncière*, c'est-à-dire du revenu net annuel de leur capital-sol, déduction faite des intérêts du capital superficiel ou ligneux engagé. L'auteur termine son ouvrage par des tables de cubage et d'intérêts.

106. « **The Indian Forester** ». — Citons encore, parmi les publications de la première catégorie, la *Revue forestière indienne*, rédigée par M. W.-R. Fisher, le zélé sous-directeur de l'École de Dehra-Dun [2]. Ce recueil périodique contient non seulement des articles relatifs aux forêts de l'Inde, mais encore des travaux originaux d'intérêt général sur la sylviculture, l'histoire naturelle, ainsi que des traductions d'ouvrages forestiers européens. C'est cet organe qu'a choisi M. Fisher pour répandre dans le personnel indien les excellentes notions pratiques que renferme le petit traité d'aménagement de M. Puton, directeur de notre École nationale forestière [3].

107. Publications officielles. Généralités. — Nous arrivons maintenant aux publications officielles de l'*Indian Forest Department*. Afin de mettre un certain ordre dans leur énumération, nous

---

1. *The Organisation and Valuation of Forests on the continental System, in Theory and Practice*, by J. L. L. Mac Gregor (*of the Forest Service Bombay*). 8° *pp*. 313. — London, Wyman and Sons, 74-76 Great Queen Street W. C. 1883.

2. *The Indian Forester*. — Calcutta, Central Press.

3. *L'Aménagement des forêts*. Traité pratique. 2e édition. J. Rothschild, Paris, 1874.

nous conformerons au catalogue, qui les range sous cinq rubriques : *botanique, législation, sylviculture et aménagements, rapports annuels du chef de l'administration, varia.*

108. Botanique. — En ce qui concerne la *botanique,* nous mentionnerons une belle *Flore illustrée de l'Inde Centrale et Nord-Occidentale,* commencée par feu M. J.-L. Stewart, conservateur des forêts dans le Punjab, continuée et complétée par M. le Dr Brandis, inspecteur général des forêts du gouvernement de l'Inde [1]. Nous signalerons aussi, dans ce groupe, deux ouvrages : une *Liste des arbres, arbustes et grandes lianes du district de Darjeeling (Bengale)* [2] et un *Manuel des grandes essences de l'Inde* [3].

109. Législation. — Dans la section de législation se trouvait un exemplaire du mémoire présenté en 1875, par M. Brandis, à l'appui de son *Projet de Code forestier* [4]. On y voyait également un *Manuel de jurisprudence* rédigé par un des fonctionnaires les plus distingués du service forestier indien, M. le conservateur Baden-Powell [5].

110. Sylviculture et aménagement. — La section de sylviculture et d'aménagement était, bien entendu, la plus riche. Elle renfermait 35 numéros du catalogue qui se rapportaient, en général, à des monographies d'essences et des mémoires sur les modes de traitement à appliquer aux massifs d'une région forestière déterminée. Les noms d'auteurs le plus fréquemment inscrits sur les couvertures étaient ceux de MM. Brandis, Schlich, Ribbentrop, Baden-Powell ; nous y avons vu figurer aussi celui de M. H.-C. Hill, ancien élève de l'École de Nancy, déjà parvenu au grade de conservateur.

111. Comptes de gestion. — *Les comptes rendus annuels de gestion* présentés par le chef de l'*Indian Forest Department* à son supérieur hiérarchique, le ministre de l'Inde, formaient une suite

---

1. *Forest Flora of North-West and Central India.* 1874.
2. *List of the Trees, Shrubs and large Climbers found in the Darjeeling District. Bengal.* 1877.
3. *Manuel of Indian Timbers.* 1881.
4. *Memorandum on the Forest Legislation proposed for British India.* 1875.
5. *Manual of Jurisprudence for Forest Officers.* 1882.

ininterrompue depuis 1870[1]. Les documents de ce genre sont fort précieux pour les personnes qui veulent étudier le fonctionnement d'une grande administration et se renseigner sur la nature et l'utilité des dépenses qu'elle occasionne. Ils doivent surtout être utiles aux membres d'un parlement dans l'accomplissement de leur mission de contrôle, car les faits et les chiffres qu'ils renferment sont précisément ceux que cherche à connaître le rapporteur d'un budget.

Deux des comptes de gestion dont il s'agit sont signés du nom sympathique du colonel G.-F. Pearson, qui a en effet rempli par intérim les fonctions d'inspecteur général des forêts du gouvernement de l'Inde, pendant les années 1871 et 1872. Les services éminents que cet officier avait rendus dans les provinces centrales, en organisant, de 1864 à 1868, la protection des forêts contre les incendies annuels des jungles, lui avaient valu cet honneur mérité. Près de 400,000 hectares de forêts réservées, situées dans ces provinces sont maintenant protégés d'une façon permanente contre les risques d'incendie.

112. Ouvrages divers. — Dans le groupe des ouvrages divers, nous relevons les procès-verbaux des conférences d'officiers forestiers de l'Inde tenues chaque année dans une des grandes villes du pays[2]. L'institution des congrès forestiers, qui est si prospère en Allemagne, son lieu d'origine, a sans doute été transplantée dans l'Inde par M. Brandis. Elle ne pourra que contribuer à développer dans les rangs des agents les sentiments de camaraderie, l'amour du métier et le goût des recherches scientifiques. Nous nous plaisons à retrouver comme secrétaires de certains de ces congrès MM. Gamble et Smythies.

Au même groupe se rattache un recueil de rapports rédigés par différents officiers forestiers de l'Inde à la suite de missions dont ils ont été chargés en Allemagne, en Autriche et en Grande-Bretagne[3].

---

1. *Reviews of the Forest Administration in the several Provinces under the Government of India.* — 13 broch. in-fol. 1871-1883.

2. *Reports of the Proceedings of Conferences of Forest Officers held at Lahore, Allahabad, etc.* — 1872-1875.

3. Captain Walker, *Reports on Forest Management in Germany, Austria*

L'administration supérieure n'ignore pas, en effet, que les voyages d'études sont un puissant instrument de progrès, et elle accorde en général toutes les facilités nécessaires aux agents qui veulent consacrer leurs congés à visiter des régions forestières. C'est ainsi que M. le capitaine Walker a pu étudier l'aménagement de quelques grands massifs du continent européen ; — M. Gustave Mann, le traitement du sapin et de l'épicéa dans le Hartz ; — M. G. Ross, la législation forestière du Hanovre et les repeuplements de pin sylvestre dans les sols tourbeux de l'Allemagne septentrionale ; — M. J.-W. Webber, les chênaies spontanées du comté de Sussex. — M. Brandis a terminé le volume qui renferme tous ces rapports par d'excellents conseils qu'il adresse aux officiers de l'Inde sur la manière d'employer fructueusement leurs congés ou leur période de retraite.

113. Cartographie. — C'est enfin le tour de la cartographie d'être passée en revue. Elle formait incontestablement une des parties les plus intéressantes de la section indienne, grâce aux soins dont elle avait été l'objet de la part du chef du service de géodésie forestière, M. le major Bailey. La compétence toute spéciale de cet officier du génie pour les importants travaux qu'il dirige se révélait dans l'exécution des cartes qui tapissaient les murs et qui étaient au nombre d'une centaine.

Les cartes forestières de l'Inde sont de deux sortes. Les unes sont dressées à l'échelle de 1 *pouce par « mile »*, soit environ $\frac{1}{63.359}$, d'autres plus détaillées, à l'échelle de 4 *pouces par « mile »*, soit environ $\frac{1}{15.840}$. Elles sont toutes reproduites par la *photozincographie* et le relief du terrain y est représenté par des courbes.

Il y avait, en outre, à l'Exposition, des cartes dressées par les ingénieurs géographes de l'Inde et sur lesquelles le service forestier avait figuré, par des teintes, les forêts réservées d'une vaste région, soit d'un district de sous-conservateur, soit même d'une conservation entière.

Enfin, M. le major Bailey avait exposé des spécimens de cartes

---

and Great Britain. — M. Gustav Mann, *etc., etc. Printed by order of H. M. Secretary of State for India,* 1873.

spécialement destinées aux agents forestiers et qui, pour ce motif, diffèrent, par la couleur de l'encre employée, des feuilles ordinaires à l'usage du public. Comme il arrive souvent, en effet, que celles-ci sont trop foncées pour que les agents puissent y porter toutes les indications dont ils ont besoin dans la pratique courante, M. Bailey a eu l'idée de faire tirer certains exemplaires, toujours par la photozincographie, mais avec de l'encre d'impression de couleur bleu pâle ; grâce à cette petite modification, on peut, après coup, tracer à l'encre noire, d'une façon très visible, les contours des forêts, les emplacements des coupes annuelles, etc., ou encore passer des teintes de différentes nuances.

114. Indications du catalogue relativement aux cartes. — Le catalogue énumérait les cartes par provinces et donnait, à l'égard de chacune de ces régions, des renseignements sur la contenance, la constitution et les ressources des forêts qu'elle renferme. Cette série de notices était suivie de la description détaillée des procédés employés par le service géodésique pour les levés sur le terrain (qui s'opèrent toujours à la planchette) et pour l'assemblage, sur une même feuille-minute destinée à être reproduite par la photozincographie, des levés partiels exécutés par différents opérateurs.

On comprend l'importance du service de géodésie forestière de l'Inde quand on se rappelle que la contenance des forêts réservées dépasse 12 millions d'hectares et quand on songe que l'*Indian Forest Department*, avant de chercher à traiter systématiquement un massif quelconque et de le faire rentrer, par conséquent, dans la catégorie des forêts réservées, en fait tout d'abord exécuter le levé, la délimitation et l'abornement. Nous croyons qu'il y a là un exemple à suivre dans tous les pays encore peu civilisés, où il s'agit d'introduire une gestion rationnelle des forêts.

Disons, en terminant, que les noms déjà mentionnés de MM. Fisher et Hill figurent sur la liste des officiers qui ont exécuté des levés topographiques sous les ordres de M. le major Bailey.

115. Objets divers. — Nous ferons relever de ce groupe une curiosité botanique qui montre combien est vigoureuse la végétation arborescente dans les plaines basses de l'Hindoustan. C'est le pivot d'un « *Shand Tree* » (*Prosopis spicigera*) provenant du Punjab. Il était long de 62 pieds, soit environ 19 mètres, et faisait le tour d'une bonne partie de la section indienne, suspendu à la corniche. Pendant la vie de l'arbre, il était enfoncé, paraît-il, verticalement de 3 mètres dans un sol argilo-siliceux; il était traçant sur le restant de sa longueur.

Si nous scrutions les recoins de notre mémoire, nous y découvririons sans doute encore le souvenir d'autres objets à signaler dans le présent paragraphe; mais le chapitre que nous venons de consacrer à l'*Indian Forest Department* est déjà si étendu que nous ne voulons pas l'allonger davantage, bien que l'importance capitale de cette partie de l'Exposition et l'intérêt qu'elle présente pour les camarades français des officiers de l'Inde excusent, dans une certaine mesure, les développements auxquels elle a donné lieu.

CHAPITRE III

POSSESSIONS ET COLONIES BRITANNIQUES

(Autres que l'Empire indien).

---

116. Renseignements statistiques.

Étendue totale. . . . . 1,825,934,900 hectares.
Population. . . . . 15,160,000 habitants.

Surface boisée [1].

Étendue *approximative*. . . . . 133,000,000 hectares,
soit environ 7 p. 100 de l'étendue totale.

Nota. — Ce chiffre est probablement un minimum, car dans l'étendue boisée des possessions britanniques, nous n'avons fait rentrer les contenances ni des forêts de la Guyane, ni de celles des forêts du Canada qui appartiennent à des particuliers : nous manquons en effet de renseignements à leur sujet.

117. Division du chapitre. — Pour passer en revue les différentes possessions britanniques qui étaient représentées à l'Exposition d'Édimbourg, nous prendrons successivement chaque partie du monde, suivant l'ordre où elles sont généralement rangées dans les documents officiels anglais.

N'ayant rien à dire des possessions d'Europe, qui sont des points stratégiques, sans importance aucune au point de vue forestier, savoir Héligoland, Gibraltar et Malte (étendue totale : 34,500 hectares ; population : 176,000 habitants), nous arrivons de suite à l'Afrique.

---

1. Les données encore fort incertaines que nous reproduisons ici relativement à l'étendue des forêts situées dans les colonies britanniques, ainsi qu'aux ressources qu'elles offrent, sont tirées, sauf indication contraire, d'un document officiel dressé à la suite d'une enquête ordonnée par le gouvernement métropolitain. (*Analysis of Returns in Reply to Queries relating to Colonial Timber. Presented to both Houses of Parliament by Command of Her Majesty.* — London, George Edward Eyre and William Spottiswoode, 1878. Price : 6 d.)

SECTION Ire

POSSESSIONS D'AFRIQUE

---

118. Renseignements statistiques.

```
Étendue totale. . . . . . . . . . . . . . . .    72,514,500 hectares.
Population. . . . . . . . . . . . . . . . . .     2,659,000 habitants.
Surface boisée . . . . . . . . . . . . . . .       320,000 hectares?
```
soit environ 0.4 p. 100 de l'étendue totale.

119. Colonies représentées à l'Exposition. — Les seules possessions d'Afrique qui fussent représentées à Édimbourg étaient la Gambie et Sierra-Leone, la colonie du Cap et l'Ile Maurice.

ARTICLE Ier

Gambie et Sierra-Leone.

120. Renseignements statistiques.

```
Étendue totale. . . . . . . . . . . . . . . .    126,500 hectares.
Population . . . . . . . . . . . . . . . . . .     75,000 habitants.
Surface boisée. . . . . . . . . . . . . . . .          ?
```

121. Situation forestière. — Les bois d'œuvre de cette partie de la côte d'Afrique sont l'*acajou*, employé là-bas pour la construction des navires, et le *bois de rose*, dont les indigènes se servent pour confectionner leurs embarcations. Puis vient, entre autres essences moins importantes, une sorte de chêne que l'on exportait autrefois en Angleterre sous le nom de chêne d'Afrique. L'arbre à caoutchouc est abondant dans les deux colonies.

Les forêts appartiennent à l'État, mais elles sont en train de disparaître sous la hache des bûcherons. Les exportations de bois ont diminué depuis que l'on construit des navires en fer ; celles de caoutchouc ont considérablement augmenté.

122. Envois. — Les gouverneurs de ces deux colonies avaient envoyé des échantillons de bois, de fibres, d'huiles, de gommes, d'indigo ; des modèles des embarcations et des huttes construites par les naturels ; des pièces de mobilier, des instruments de musique, etc. Rien, dans tout cela, n'était particulièrement digne de remarque.

ARTICLE II

Colonie du Cap.

123. Renseignements statistiques.

Étendue totale . . . . 51,785,000 hectares.
Population. . . . . 780,000 habitants.
Surface boisée . . . . 300,000 hectares environ [1], soit 0.6 p. 100 de l'étendue totale.

124. Essences indigènes. — Il croît dans cette colonie une quarantaine d'essences ligneuses capables de fournir des bois d'œuvre. En tête se placent celles que l'on comprend sous le nom vulgaire de *yellow-wood* et qui constituent trois espèces du genre *Podocarpus* (*P. elongatus, P. prunosus, P. Thunbergii*). Le *yellow-wood* peut être considéré comme le sapin du pays ; il se débite principalement en planches.

Le *stinck-wood* (*Oreodaphne bullata*) ne lui cède guère en importance ; il joue le rôle de notre chêne, et il est, notamment, très recherché pour les traverses de chemin de fer. Malheureusement, il n'entre que pour 4 centièmes environ dans la composition des peuplements, et il devient de plus en plus rare, fait qu'on observe, du reste, aussi pour le *yellow-wood*.

---

1. D'après une lettre du 11 octobre 1881, de M. de Vasselot à M. le colonel Pearson.

Une dizaine d'espèces servent principalement au charronnage, c'est-à-dire à la fabrication des lourdes maisons roulantes, traînées par des bœufs, qui constituent le mode de locomotion caractéristique du pays.

Les autres essences indigènes sont employées pour les meubles, les manches d'outils, les ustensiles aratoires.

Le *frêne du Cap* (*Echebergia Capensis*) et le *bouleau du Cap* (*Myrsine Melanophleos*) ressemblent beaucoup aux essences d'Europe dont ils portent les noms dans le langage vulgaire.

125. Situation forestière. — Le Gouvernement est propriétaire de presque tous les terrains boisés. Ils s'élèvent à environ 300,000 hectares, mais là-dessus il n'y en a guère que 80,000, couverts de véritables forêts ; le reste se compose de broussailles. L'Afrique australe était, paraît-il, jadis assez bien garnie de bois, mais, depuis la fondation de la colonie jusqu'à ces derniers temps, les forêts ont diminué rapidement en étendue et en richesse, à cause des incendies et des exploitations abusives. L'administration locale délivrait des licences permettant de couper le bois dont on avait besoin pour tel ou tel usage ; naturellement, chacun prenait le meilleur ; on laissait le reste gisant sur le sol ou mutilé sur pied, et le canton demeurait ruiné pour longtemps. Par suite de ces exploitations immodérées, l'offre de bois d'œuvre indigène a cessé depuis longtemps, sur les marchés, d'être au niveau de la demande : une quantité sans cesse croissante de sciages du Nord est importée annuellement dans la colonie et vendue dans certaines localités à des prix beaucoup moins élevés que ne le sont dans d'autres les planches du pays, à cause de la rareté de la main-d'œuvre et de l'accès difficile des forêts.

Les personnes compétentes, comme, par exemple, M. John Croumbie Brown, dont nous avons mentionné les ouvrages plus haut, sont persuadées, d'autre part, des effets désastreux du déboisement sur le climat excessivement sec de la contrée, et des avantages qui résulteraient, par contre, de la reconstitution de la végétation forestière au point de vue de l'humidité de l'atmosphère et du régime des eaux.

126. Mesures de conservation. M. de Vasselot de Régné. —

Sur les instances de ces hommes éclairés, le gouvernement du Cap
a fini par prendre des mesures pour empêcher la destruction des
forêts et il a fait appel, dans ce but, à la bonne volonté d'un de nos
compatriotes, M. de Vasselot de Régné, inspecteur des forêts. Cet
agent, qui s'était déjà distingué en France par le boisement des
dunes de la Coubre, s'est mis résolument à l'œuvre ; les exploitations, dans les massifs existants, ont été régularisées et des travaux
de repeuplement ont été entrepris dans des terrains sablonneux voisins de Capetown. Ce qui a été fait est encore bien peu de chose en
comparaison de ce qui reste à accomplir, car M. de Vasselot évalue
à environ 4 millions d'hectares l'étendue des terrains de montagne
qu'il conviendrait de boiser pour assurer à l'agriculture l'eau qui
lui fait aujourd'hui défaut. Cette œuvre immense ne pourra évidemment s'effectuer que dans un laps de temps très long, au fur et à
mesure que les ressources de la colonie en bois et en argent s'amé-
lioreront. En attendant, M. de Vasselot voudrait s'entourer de collaborateurs pourvus de connaissances techniques, et il a proposé
d'envoyer à cette fin, à Nancy, un certain nombre de jeunes gens de
la colonie qui reviendraient remplir dans leur pays les fonctions
d'officiers forestiers.

127. Envois à l'Exposition. — La section de l'Exposition d'E-
dimbourg relative à la colonie du Cap avait été organisée par les
soins de M. de Vasselot. Elle comprenait une collection de bois (notamment des rondelles de *yellow-wood* de 0ᵐ,50 de diamètre et au-
dessus), des échantillons d'écorces, des graines forestières, des
ustensiles en bois, un modèle de char à bœufs, enfin une liasse de
documents administratifs. Parmi ces derniers se trouvait le rapport
adressé par M. de Vasselot au conseil législatif de la colonie[1] et dont
il a été donné des extraits dans la *Revue des Eaux et Forêts*[2].

Nous espérons que les efforts de notre compatriote pour reconstituer les richesses forestières du Cap continueront à être secondés,
comme ils l'ont été jusqu'à présent, par l'opinion publique et le
gouvernement de la colonie.

---

1. *Report of the Forest Administration*, by Comte de Vasselot, Super-
intendent of Woods and Forests.
2. Année 1882, p. 558.

ARTICLE III

Ile Maurice.

128. — Renseignements statistiques.

Étendue totale . . . . 190,000 hectares.
Population . . . . 355,000 habitants.
Surface boisée . . . . 16,000 hectares.
Soit 8 p. 100 de l'étendue totale.

129. Essences indigènes. — Il a été constaté, vers 1878, lors de l'enquête sur les ressources de la colonie en bois d'œuvre, qu'elle renferme 45 essences ligneuses. Les principales sont le *Labourdonnasia glauca* ou *bois de natté,* employé pour la construction des navires et pour la menuiserie, mais qui devient de plus en plus rare ; — le *Syzygium obovatum,* très usité pour la charpente ; — l'*Acacia elata,* dont le bois est, paraît-il, plus nerveux que celui du teak.

130. Situation forestière. — Il y a dans l'île environ 16,000 hectares de forêts véritables, dont 7,600 appartiennent au Gouvernement et le reste à des particuliers. A côté de cela, il existe 20,000 hectares de broussailles. — La surface couverte par les anciennes forêts vierges de l'île a, dans ces derniers temps, diminué par année d'une étendue variant de 800 à 2,400 hectares, et, comme on ne s'occupe pas de la régénération, les autorités locales craignent que, dans un avenir très rapproché, l'île ne produise plus de bois d'œuvre. Déjà à l'heure qu'il est, on en importe une quantité considérable de la Grande-Bretagne, des États-Unis et d'autres contrées éloignées. La valeur des bois exportés dans la période décennale 1863-1872 a été, au total, de 67,075 fr ; celle des bois importés de 7,616,850 fr. — Le manque de bois de feu même se constate dans la colonie ; enfin la destruction des forêts a produit ses mauvais effets habituels sur le climat et le régime des eaux. Aussi, la législature coloniale se proposait-elle, vers 1878, de créer un service forestier, de racheter toutes les forêts des particuliers et de les traiter en vue de l'intérêt général.

131. Envois à l'Exposition. — Nous ignorons si ce projet a été réalisé, car l'exposition de l'île Maurice ne renfermait aucun document administratif ni aucun objet dénotant une gestion systématique et rationnelle de la propriété boisée ; le gouverneur de la colonie s'était contenté d'envoyer des spécimens de bois indigènes, de fibres et de caoutchouc.

SECTION II

POSSESSIONS D'ASIE

(Moins l'Inde)

132. — Renseignements statistiques.

Étendue totale. . . . . 9,762,800 hectares.
Population. . . . . 3,387,000 habitants.
Surface boisée . . . . 3,000,000 hectares ?
Soit environ 31 p. 100 de l'étendue totale.

133. Colonies représentées. — Parmi les possessions britanniques de l'Asie, ne figuraient à l'Exposition d'Édimbourg que l'île de Chypre, l'île de Ceylan et les établissements du détroit de Malacca.

ARTICLE Ier

Chypre.

134. — Renseignements statistiques.

Étendue totale. . . . . 960,000 hectares.
Population. . . . . 186,000 habitants.
Surface boisée. . . . . 200,000 hectares environ, soit 21 p. 100 de l'étendue totale.

135. Situation forestière. Mission de M. Madon. — On sait que, peu de temps après que le gouvernement britannique eut pris possession de l'île de Chypre, en vertu du traité de Berlin, il choisit, sur la désignation du gouvernement français, notre compatriote M. Madon, inspecteur adjoint des forêts, pour étudier les ressources de l'île au point de vue forestier et indiquer le parti qu'on pouvait en tirer. D'après les renseignements que nous devons à l'obligeance de cet agent, on peut compter 200,000 hectares peuplés d'essences longévives et autant de landes et broussailles. Les essences sont, par ordre d'importance : le pin d'Alep, le pin laricio (variété dite *P. Karamanica*), le cyprès, le cèdre et un chêne spécial à la région. Toutes les forêts sont ravagées par les chèvres, qui sont au nombre de 230,000 environ, par les incendies, enfin par le résinage, qui y fut longtemps pratiqué abusivement. Aucun traitement rationnel ne pourra être appliqué tant qu'il ne sera pas pris de mesures contre les chèvres, qui empêchent tout repeuplement.

136. Envois à l'Exposition. — Le gouvernement britannique est, paraît-il, disposé à entrer dans cette voie, car il a été créé dans l'île de Chypre, depuis le départ de M. Madon, un service forestier dont le chef avait expédié à Édimbourg des échantillons de bois, d'écorces et de résines, des cônes d'arbres verts, des paniers, des cordes, etc.

Nous avons découvert aussi, au milieu des livres de toute provenance que le comité avait rangés dans la bibliothèque de la grande galerie, un exemplaire du rapport officiel de M. Madon sur le résultat de son enquête[1]. Malheureusement, le peu de temps que nous avons passé à Édimbourg nous a empêché de prendre connaissance de ce travail et, par suite, d'en reproduire ici les points essentiels. Mais, peut-être, l'auteur se réserve-t-il de mettre lui-même, un jour, le public français au courant de la situation de l'île de Chypre au point de vue sylvicole, et, dans ce cas, le sujet gagnera à n'être pas défloré.

---

1. *Forest Conservancy in the Island of Cyprus* by Mons. P. G. Madon, 1881.

ARTICLE II

Ceylan.

137. Renseignements statistiques.

Étendue totale . . . . 6,397,500 hectares.
Population. . . . . 2,607,000 habitants.
Surface boisée . . . . 2,477,000 hectares.
Soit 39 p. 100 de l'étendue totale du territoire.

138. Situation forestière. — L'île de Ceylan est administrée par un gouverneur spécial qui dépend, non pas du ministre de l'Inde, mais de celui des colonies. Les essences forestières spontanées y sont à peu près les mêmes que dans la partie méridionale de la péninsule hindoustanique. Le teak n'y est point spontané, mais il y a été introduit avec succès. Le chiffre de 2,477,000 hectares auquel a été évaluée, en 1875, la contenance boisée est considérable ; mais on y a compris des jungles, garnis seulement d'arbustes ; les véritables forêts paraissent ne couvrir que $^1/_{10}$ environ du territoire ; elles appartiennent, d'ailleurs, pour la plupart, au Gouvernement.

Dans toutes les provinces, excepté au nord de l'île, la forêt vierge recule devant les plantations de café, de thé, de quinquina, ou bien est dégradée par les abatages licites ou illicites des concessionnaires de coupes et des délinquants. A la suite de missions confiées à des officiers de l'Inde, on a organisé, il y a quelque temps, dans l'île, un service forestier qui s'occupe de mettre un terme aux abus d'exploitation, de repeupler les parties dégradées et d'introduire le teak là où cela est possible. Il résulte de relevés effectués par l'administration des douanes que l'on exporte de Ceylan, dans le Royaume-Uni, en France, dans l'Inde britannique et dans l'Inde française, en Chine et en Australie, des bois servant à la teinturerie, des écorces à tan, et surtout de l'ébène.

139. Envois à l'Exposition. — Le gouvernement de la colonie n'a point pris part à l'Exposition autrement que par l'envoi d'un exemplaire du rapport de M. F. d'A. Vincent, un des officiers de l'*Indien Forest Department* qui ont été chargés de missions à Ceylan[1]. Par contre, un grand propriétaire particulier, M. J. Alexander, avait réuni une collection complète de produits forestiers (bois, écorces, fibres, gommes, etc.). Il avait même indiqué sur une carte murale de l'île l'emplacement des massifs boisés.

ARTICLE III

Établissements du détroit de Malacca.

140. — Renseignements statistiques.

Étendue totale . . . . 370,000 hectares.
Population . . . . 390,000 habitants.
Surface boisée . . . . ?

141. Envois de Singapore et du Perak. — Les gouverneurs de Singapore et du Perak avaient exposé des collections de bois de la péninsule malaise, et M. H. Newton, de Singapore, avait adressé, en son nom personnel, des notices et des comptes rendus d'expériences relatives aux bois d'œuvre les plus usités de la région[2]. Parmi ces derniers, il faut citer un bois résineux (*Johor Cedar*) dont on fait des pavés et le *ballow* (*Johor Teak*), qui a les qualités du teak de la Birmanie.

142. Envois du Maharajah de Johor. — S. A. le Maharajah de Johor, prince vassal des Anglais, possède de vastes forêts entre Malacca et Singapore. Il avait fait disposer, dans un compartiment de la galerie centrale, une collection très complète des produits de ses domaines, consistant en bois de construction, en camphre (extrait du bois du *Camphora officinalis* et non pas, comme en Chine, des feuilles du *Laurus camphora*) et en gutta-percha. Les domaines

---

1. *Report on the Forest Administration of Ceylon*, 1883, by F. d'A. Vincent, Deputy Conservator of Forests.

2. *Notes and Experiments on the Timber in ordinary Use*, by H. Newton. Singapore, 1884.

du Maharajah de Johor sont affermés à une compagnie dont le frère du Maharajah et un Anglais, M. Meldrum, sont les principaux membres. Elle a installé à Johor une importante scierie à vapeur, la plus grande de l'Asie. Les navires qui y amènent les bois en grume et en remportent les pièces débitées peuvent s'amarrer à quai, à côté des ateliers. Cet établissement a pour principaux débouchés l'Inde et la Chine. C'est là que notre compatriote, M. Gicquel, s'est procuré en 1867, pour le compte du gouvernement chinois, une partie des matériaux qui approvisionnaient l'arsenal de Fou-Tchéou lorsque notre flotte l'a bombardé en 1884.

SECTION III

POSSESSIONS D'OCÉANIE

143. — Renseignements statistiques.

Étendue totale . . . . 804,527,800 hectares.
Population. . . . . 3,065,000 habitants.
Surface boisée . . . . 42,315,600 hectares.
Soit 5 p. 100 de l'étendue totale.

144. Colonies représentées. — Nous n'avons à parler que de l'Australie et de Bornéo : les autres possessions océaniennes ne figuraient pas à l'Exposition.

ARTICLE Ier

Australie.

145. — Renseignements statistiques.

Étendue totale . . . . 762,600,000 hectares.
Population. . . . . 2,131,000 habitants.
Surface boisée . . . . 34,713,600 hectares.
Soit 5 p. 100 de l'étendue totale.

146. Situation forestière. — Le continent australien renferme encore, comme on le voit ci-dessus, d'immenses forêts, car le chiffre

indiqué ne comprend pas les déserts où végètent çà et là des arbres épars. Ces forêts appartiennent, en majeure partie, au gouvernement. Les principales essences qui les peuplent rentrent, comme l'on sait, dans le genre *Eucalyptus*. Il y en a une centaine d'espèces, généralement remarquables par la rapidité de leur croissance et dont le bois présente souvent de bonnes qualités pour la charpente et le charronnage. En seconde ligne viennent des cèdres (notamment *Cedrela australis*) et des pins (entre autres, *Araucaria Cunninghamii*), excellents pour la menuiserie. En troisième ligne doivent se ranger des *Podocarpus*, des *Syncarpia*, des *Acacia*.

On exporte de l'Australie en Nouvelle-Calédonie, en Chine et en Grande-Bretagne des bois d'eucalyptus, de cèdre, de pin, de santal. Mais cette source de profit est déjà tarie dans certains États ; dans les autres, elle menaçait naguère d'éprouver un pareil sort. En effet, les forêts vierges de l'Australie sont réduites tous les ans d'une façon très sensible par les défrichements des colons et par les incendies ; d'autre part, le matériel des parties restantes est fortement amoindri par les pratiques des concessionnaires de bois, qui ne prennent, dans un arbre, que les pièces de choix et laissent pourrir le surplus. Aussi les gouvernements locaux ont-ils été amenés, dans ces derniers temps, à prendre des mesures conservatrices à l'égard de la propriété boisée. Ils ont déjà constitué des réserves d'au moins 1,000,000 d'hectares, où ils interdisent absolument d'installer aucune coupe et où ils font exécuter des travaux de repeuplement à l'aide d'essences indigènes ou étrangères. On croit que les forêts de l'Australie, bien aménagées, pourraient fournir annuellement de 30 à 40 millions de mètres cubes de bois d'œuvre.

147. Envois à l'Exposition. — Malgré l'étendue de ses forêts, l'Australie n'occupait qu'une place très restreinte à l'Exposition d'Édimbourg. De tous les États quasi-indépendants qui la composent, seule l'Australie du Sud était représentée par les ouvrages forestiers de M. J. Brown, conservateur des forêts à Adélaïde[1], et par

---

1. Les plus importants des ouvrages de M. J. E. Brown ont pour titres :
   The Forest Flora ;
   Bundaleer and Wirrabara Forest Reserves ;
   Tree Culture in South Australia.

des documents officiels de l'administration à laquelle appartient ce fonctionnaire[1].

ARTICLE II

Bornéo septentrional et île de Labouan.

148. Renseignements statistiques.

Étendue totale	5,707,800 hectares.
Population.	155,000 habitants.
Surface boisée	?

149. Situation forestière. — La portion de l'île de Bornéo où les Anglais se sont établis récemment renferme encore des forêts immenses, pour la plupart inexploitées. On y rencontre, avec tous les grands végétaux de la flore tropicale, des bois précieux, le santal, l'ébène, l'acajou, etc. Quant à la petite île de Labouan, que l'Angleterre possède depuis 1848, et qui est située près de la côte nord de Bornéo, elle a été presque complètement déboisée par les immigrants. En effet, jusque dans ces derniers temps, on ne cultivait le riz que dans des terrains fraîchement défrichés qu'on abandonnait après une première récolte pour opérer de même ailleurs.

150. Envois à l'Exposition. — Il s'est constitué une société pour l'exploitation des forêts de Bornéo. Elle a exposé à Édimbourg des rondelles de bois de $0^m,25$ de diamètre, environ, et quelques-uns des outils dont se servent les naturels du pays.

---

1. *Forest Acts and Regulations of 1878.*
Annual Reports of Forest Department of South Australia 1878-1883.

SECTION IV

POSSESSIONS D'AMÉRIQUE

151. — Renseignements statistiques.

Étendue totale . . . . 939,095,300 hectares.
Population . . . . 5,873,000 habitants.
Surface boisée (*domaniale*) . . . . 87,281,600 hectares.
Soit 9 p. 100 de l'étendue totale.

Nota. — Nous rappelons ici [1] que, faute de renseignements, nous avons dû laisser en dehors de nos données numériques celles des forêts du Canada qui n'appartiennent pas au Gouvernement et toutes les forêts de la Guyane.

152. Colonies représentées. — Les possessions d'Amérique qui ont pris une part plus ou moins grande à l'Exposition d'Édimbourg sont : le Canada, la Guyane, et deux des Petites-Antilles, Saint-Vincent et Tobago.

ARTICLE Ier

Dominion du Canada.

153. — Renseignements statistiques.

Étendue totale . . . . 898,793,700 hectares.
Population . . . . 4,325,000 habitants.
Surface boisée (*domaniale*) [2] . . . . 86,185,200 hectares.
Soit 10 p. 100 de l'étendue totale du territoire.

154. Distribution des forêts. — Cette vaste contrée, à elle seule aussi grande que les $^9/_{10}$ de l'Europe, est presque constamment ensevelie sous la neige dans la partie nord, et, par suite, improductive ; mais, dans sa moitié sud, en deçà du 55e degré de latitude

----

1. Voir l'observation placée en tête du chapitre.
2. Voir l'observation placée en tête de la section IV.

environ, elle n'est qu'une immense forêt où, pourtant, les *settlers* ont déjà réussi à ouvrir des brèches profondes. C'est là que l'Angleterre et les États-Unis puisent une grande partie des bois que leur industrie réclame si impérieusement.

155. Essences indigènes. — Les arbres qui peuplent les forêts du Canada appartiennent, en général, aux mêmes genres que nos arbres européens, mais à des espèces différentes et deux ou trois fois plus nombreuses[1].

Parmi les feuillus, les érables dominent (*Acer rubrum* et *Acer saccharinum*); puis viennent des chênes (*Quercus alba, Q. rubra*), des ormes (*Ulmus americana*), des hêtres (*Fagus americana*), des frênes (*Fraxinus americana, F. sambucifolia*), des bouleaux (*Betula populifolia*), des tilleuls (*Tilia americana*), enfin des platanes (*Platanus occidentalis*), des peupliers et des noyers.

En ce qui concerne les conifères de la région, le *pin blanc* (*Pinus Strobus*) est un des plus répandus et des plus employés comme bois d'œuvre. Un sapin (*Abies canadensis*) est également très estimé pour toutes sortes d'usages. Un mélèze (*Larix americana*) et un cyprès (*Cupressus thyoides*) complètent la liste des conifères les plus communs.

156. Situation forestière. — Si aux 86 millions d'hectares de forêts domaniales (*Crown Forests*) mentionnés plus haut on ajoutait les forêts de particuliers, dont il ne nous a pas été possible d'évaluer l'étendue, mais qui doivent être également très considérables, on arriverait peut-être à une surface boisée de plus de 100 millions d'hectares, c'est-à-dire double de la superficie du territoire français. Un pareil chiffre fait ressortir le rôle important que joue le Canada dans la production de la matière ligneuse. Mais, comme c'est toujours le cas dans les pays neufs, l'étendue des forêts et leur matériel diminuent rapidement, par suite des exploitations et des incendies. Les rapports adressés en 1878, par les gouverneurs des différents États du *Dominion*, lors de l'enquête sur les

---

1. Des détails relatifs à ces essences se trouvent dans un article de la *Revue des Eaux et Forêts* (année 1879, p. 450 et suiv.), traduit de l'anglais par M. Le Tellier.

bois d'œuvre, déclarent tous que les quantités de bois abattues chaque année dépassent sensiblement, parfois même dans la proportion du simple au décuple, la véritable possibilité des forêts. Les chiffres suivants montrent d'ailleurs la rapidité avec laquelle augmentent les exportations.

En 1862, on avait exporté de la Colombie britannique, un des États de l'Ouest, 6,000 mètres cubes de planches valant 68,000 fr.; en 1872, il en est sorti 500,000 mètres cubes valant 5,300,000 fr.

D'après une statistique toute récente[1], l'industrie du bois occupe au Canada plus de 100,000 personnes; les scieries y représentent un capital de 825 millions de francs et la coupe des bois nécessite une mise de fonds d'environ 193 millions de francs. Pour l'année 1881, on a estimé à cette même somme de 193 millions de francs la valeur totale des produits ligneux exploités, dont plus des $^3/_5$ ont été achetés pour la consommation étrangère.

Nous avons déjà dit que les bois exportés du Canada sont surtout dirigés vers l'Angleterre et les États-Unis. Dans ce dernier pays, leur entrepôt principal est la ville de Chicago, au sud du lac Michigan.

157. Envois à l'Exposition. — Si la section canadienne de l'Exposition d'Édimbourg avait eu une installation en rapport avec l'importance forestière du *Dominion,* elle eût occupé dans les galeries un emplacement considérable. Mais, nous ne savons pour quel motif les envois de ce pays se réduisaient à fort peu de chose.

Le sous-directeur du service géodésique à Ottawa avait dressé une grande carte murale montrant les limites polaires des principales essences canadiennes. On y constate que l'espèce qui s'arrête à la plus faible latitude est le châtaignier (*Castanea vesca*); il ne dépasse pas les bords du lac Érié. Celle qui s'avance le plus vers le nord est une sorte d'épicéa (*Spruce*) dont le nom scientifique n'est point indiqué; on la trouve du côté de la baie d'Hudson jusqu'au 55e parallèle.

Le gouvernement de la Colombie britannique exhibait des rondelles de bois recueillies dans l'île Vancouver et appartenant aux espèces : *Abies Douglasii* et *A. Menziesii, Picea grandis* et *P. bal-*

---

1. Voir la *Revue scientifique,* numéro du 5 janvier 1884, page 32.

samifera, Thuya gigantea, Acer macrophyllum. L'échantillon d'*A. Douglasii* mesurait 1ᵐ,60 de diamètre.

Le gouvernement du Nouveau-Brunswick avait également envoyé des spécimens de bois. Une carte dressée par le service géodésique de cet État y montrait la distribution des forêts. Elles couvrent plus de la moitié du territoire, soit 7 millions d'hectares. Les ³/₄ appartiennent au Gouvernement; le reste à une grande société, la *New-Brunswick Land and Lumber Company*, qui a entrepris l'exploitation, et sans doute aussi le défrichement, du vaste domaine qui lui a été concédé.

158. « The Forester », ouvrage de M. James Brown. — Nous avons annoncé que nous dirions ici quelques mots d'un livre dû à la plume d'un fonctionnaire canadien. Il s'agit de l'important ouvrage que M. James Brown, inspecteur des forêts, à Ontario[1], a écrit sous le titre de *Le Forestier*[2]. C'est un traité complet d'économie forestière ou plutôt de culture des bois, car les questions d'aménagement y sont à peine effleurées. L'intérêt du livre tient à ce que son auteur paraît, sinon ignorer, du moins faire peu de cas des doctrines enseignées en Europe, et exposer des idées qui sont uniquement le résultat de ses observations personnelles en Grande-Bretagne et en Amérique. A côté d'assertions très justes, il en émet de plus contestables. Ainsi, il ne semble admettre comme mode de régénération des forêts mises en coupes réglées que le semis artificiel et la plantation; en ce qui concerne les éclaircies, il prétend qu'en Allemagne et en France on laisse les massifs beaucoup trop serrés. En raison même des controverses auxquelles peuvent donner naissance les opinions ou les faits avancés par M. Brown, son ouvrage mériterait d'être porté à la connaissance du public français par une analyse détaillée et non point seulement par l'aperçu forcément très sommaire que nous venons d'esquisser.

---

1. Cet écrivain est, croyons-nous, le père de M. John E. Brown, conservateur des forêts à Adélaïde, dont nous avons parlé à propos de l'Australie.

2. *The Forester, or a pratical Treatise on the Planting, Rearing and general Management of Forest Trees,* — by James Brown, L. L. D., Inspector of and Reporter on Woods and Forests, Benmore House, Port Elgin, Ontario. — 5ᵗʰ Edition. — W. Blackwood and Son, Edinburgh and London. 1882.

ARTICLE II

Guyane britannique.

159. — Renseignements statistiques.

Étendue totale.	22,100,000 hectares.
Population	248,000 habitants.
Surface boisée.	?

160. Situation forestière. — Les envois de cette colonie occupaient un espace presque aussi grand que la section de l'Inde. C'est qu'en effet l'immense forêt vierge qui occupe le centre de l'Amérique du Sud déborde au delà des frontières de l'empire brésilien du côté de la mer des Antilles ; elle arrivait même naguère jusqu'au littoral et elle n'a reculé que devant les défrichements des colons.

Il y a environ 130 variétés de bois dans cette contrée. Quelques-unes sont fort lourdes et ont une densité atteignant jusqu'à 1,333. Les plus utiles appartiennent aux genres *Nectandra, Tecoma, Sapota, Cordia,* etc.

Nous n'avons trouvé nulle part la contenance des forêts de la colonie. Nous savons seulement qu'elles appartiennent en majeure partie au Gouvernement, qui les concède par lots aux colons, de sorte que l'étendue des massifs accessibles diminue sans cesse. On estime que la moitié des produits est exportée. En 1876, la valeur des bois d'œuvre exportés en Grande-Bretagne s'est élevée à 1,654,475 fr. ; elle était dix fois moindre en 1872.

161. Envois à l'Exposition. — La section de la Guyane, avons-nous dit, occupait à l'Exposition d'Édimbourg un presque aussi vaste emplacement que la section indienne. Néanmoins, elle était loin d'offrir le même intérêt, et cela se conçoit, car il n'y a point de service forestier dans cette colonie.

Parmi les produits bruts et fabriqués se trouvaient des échantillons très nombreux et très gros (parfois de 1 mètre de diamètre) de bois précieux aux teintes vives ; des écorces, des matières tannantes etc., puis une multitude d'ustensiles de ménage et d'outils dans lesquels le bois ou quelque autre partie utilisable d'un arbre entrait comme matière première.

Quant aux documents scientifiques, la seule publication relative à la Guyane qui figurât à l'Exposition était un ouvrage d'anthropologie.

ARTICLE III

Saint-Vincent.

162. — Renseignements statistiques.

Étendue totale . . . . 38,000 hectares.
Population. . . . . 35,000 habitants.
Surface boisée . . . . ?

163. Envois à l'Exposition. — Malgré l'exiguïté de l'île et son peu d'importance au point de vue forestier, le gouvernement de Saint-Vincent avait mis sous les yeux du public une assez grande quantité d'articles consistant en échantillons de bois, menus produits forestiers, modèles de huttes, de bateaux, etc. Il est vrai que dans tout cela nous n'avons rien vu de particulièrement remarquable.

164. Situation forestière. — Les essences spontanées de l'île sont à peu près les mêmes que celles de la Guyane ; on y rencontre notamment le *Nectandra*. La contenance de la propriété boisée et la nature des droits de la Couronne sur cette portion du territoire ne sont pas encore nettement établies ; mais il n'est pas douteux que les forêts tendent à disparaître. La sécheresse dont on se plaint maintenant à Saint-Vincent tient peut-être à cette circonstance.

ARTICLE IV

Tobago.

165. Renseignements statistiques.

Étendue totale . . . . 30,000 hectares environ.
Population . . . . 18,000 habitants.
Surface boisée . . . . 14,000 hectares.
Soit 47 p. 100 de l'étendue totale.

166. Situation forestière. — Les essences de Saint-Vincent et, par conséquent de la Guyane, se retrouvent dans cette autre petite Antille. Elles y constituent des forêts qui sont réparties à peu près également entre la Couronne et les propriétaires privés. On compte environ 10,000 hectares traités en futaie et 4,000 qui sont seulement en état de donner du bois de feu. Par exception à ce qui se passe en général dans les colonies, la surface exploitée chaque année est assez restreinte pour qu'il ne soit pas nécessaire de prendre des mesures conservatrices à l'égard des forêts. On estime que chaque hectare peut fournir annuellement $0^{mc},03$ de gros bois d'œuvre sans que son matériel s'épuise. On n'a exporté, dans ces derniers temps, que très peu de ces gros bois, principalement de l'acajou.

167. Envois à l'Exposition. — Le gouvernement de Tobago avait fait installer à Édimbourg, par les soins de son délégué, lequel représentait aussi les gouvernements de la Guyane et de Saint-Vincent, une petite exposition où l'on voyait des spécimens de bois coupés longitudinalement et transversalement, des semences, etc., mais rien de bien saillant.

CHAPITRE IV

PAYS ÉTRANGERS

168. Plan du chapitre. — Le comité de l'Exposition d'Édimbourg avait donné à son œuvre le caractère international et plusieurs puissances étrangères y étaient représentées, soit directement par leurs administrations forestières, soit indirectement par de simples particuliers. Il nous reste à rendre compte de leurs exhibitions, et c'est ce que nous chercherons à faire dans le présent chapitre. Contrairement à ce qui a eu lieu pour les différentes parties de l'empire britannique, nous renoncerons, en général, à décrire les régions forestières d'où provenaient les objets exposés. Ces aperçus donneraient trop d'extension à notre travail, surtout si nous voulions consacrer à des contrées telles que la France, l'Allemagne et la Scandinavie des notices en rapport avec le rôle qu'elles jouent dans le monde au point de vue de la production sylvicole. D'ailleurs, on trouve dans les livres déjà parus de nombreux renseignements sur les forêts de la plupart de ces régions. Nous entrerons, par exception, dans quelques détails au sujet du Danemark et du Japon, parce que ces pays ont participé officiellement à l'Exposition et que nous avons pu recueillir sur eux des données inédites.

ARTICLE Ier

France.

169. Renseignements statistiques.

Étendue totale. . . . . 52,840,100 hectares.
Population . . . . 37,672,048 habitants.

Surface boisée :

Forêts domaniales	1,012,688 hectares [1].
Forêts communales et d'établissements publics .	1,967,846	*id.* [1]
Forêts de particuliers.	6,127,398	*id.* [2]
Ensemble.	9,107,932 hectares.

Soit 17 p. 100 de l'étendue totale du territoire.

170. Faible participation de la France à l'Exposition. — La France n'a point pris part officiellement à l'Exposition d'Édimbourg, sans doute à cause de la coïncidence de cette dernière avec l'exposition organisée à Paris par l'Union centrale des arts décoratifs, et où la Direction des forêts a tenu une place si honorable.

Le nombre de nos concitoyens qui ont figuré, à titre de simples particuliers, sur la liste des exposants d'Édimbourg n'était pas non plus très élevé, mais, par contre, chacune des quatre catégories d'objets que nous avons établies pour notre compte rendu renfermait des articles français.

171. Produits bruts et manufacturés. — Ils comprenaient de la pâte de bois fabriquée par le procédé dit du *sulfite* et provenant de l'usine de MM. Weibel et Cie à Novillars (Doubs) ; — de beaux placages et de superbes panneaux en marqueterie de M. L. Mougenot, rue de Charonne, 34 à Paris ; — des écorces de chêne-liège de Gascogne récoltées suivant le système Capgrand-Mothes qui permet, dit l'inventeur, d'obtenir les plateaux de liège sans croûte, crevasses ni piqûres.

On peut également ranger dans ce groupe les échantillons de graines forestières de MM. Vilmorin-Andrieux et Cie, 4, quai de la Mégisserie, à Paris. Toutes les personnes compétentes ont remarqué l'étalage de cette maison bien connue, qui éclipsait ses rivales étrangères par le nombre et le choix des spécimens exposés. Un propriétaire de la Sologne, M. David Cannon, avait envoyé de jeunes plants de résineux obtenus dans sa pépinière des Vaux-Salbris (Loir-et-Cher).

---

1. D'après l'*Annuaire des Eaux et Forêts pour* 1885. — Paris, Bureau de la *Revue des Eaux et Forêts*, 1885.

2. D'après la *Statistique forestière de la France*. — Paris, Imprimerie nationale, 1878.

172. Instruments et appareils. — La France était représentée, dans cette classe, par M. Decauville, qui avait installé, dans un coin du jardin, un tronçon de son chemin de fer portatif.

173. Collections scientifiques. Envois du comte des Cars. — M. le comte des Cars, le champion si entraînant et si convaincu de l'élagage, avait envoyé une nombreuse série de sections de tiges et de branches, dans le but de montrer l'inconvénient qu'il y a, soit à laisser les arbres livrés à eux-mêmes, soit à les traiter suivant un système différent de celui qu'il propose. On sait qu'il s'occupe principalement des arbres réservés dans les taillis sous futaie.

174. Théorie du comte des Cars relativement à l'élagage. — Si nous avons bien compris son petit ouvrage de vulgarisation[1], ainsi que les notices explicatives qui accompagnaient les échantillons exposés par ses soins, la théorie de M. le comte des Cars se ramène aux trois principes fondamentaux que voici :

1° Couper rez tronc, avec pansement au coaltar, les branches mortes ou celles qui ont été cassées par un accident ;

2° Prolonger artificiellement le fût des arbres en coupant également rez tronc, avec pansement au coaltar, une ou plusieurs des branches vives de la partie inférieure de la cime ;

3° Raccourcir une ou plusieurs branches principales de façon à donner à la cime de l'arbre considéré la forme d'un ovoïde régulier plus ou moins allongé suivant l'âge du sujet.

175. Discussion de cette théorie. — Pour ce qui est du premier point, M. le comte des Cars estime qu'en négligeant de ravaler les chicots de branches mortes, on permet à la décomposition de leurs tissus de gagner l'intérieur du tronc. Il montrait, en effet, à Édimbourg, des moignons de grosses branches, de $0^m,15$ à $0^m,20$ de diamètre, dont la pourriture s'était propagée dans le fût, tandis que des amputations de branches tout aussi grosses, coupées rez tronc avec pansement au coaltar, avaient été couronnées de succès ; la section avait été, chaque fois, parfaitement recouverte par les accroissements annuels et le bois sous-jacent n'était ni altéré ni même injecté d'une teinte plus foncée que le restant. Ces exemples

---

1. *L'Élagage des arbres*. — Paris, J. Rothschild, 1874. 7ᵉ édition.

sont, il faut le reconnaître, favorables à la thèse de M. le comte des Cars, mais on sait que ses adversaires les considèrent comme des cas exceptionnellement heureux ; selon eux, les ablations de branches mortes sont loin d'être toujours inoffensives, et ils disent que, dans maintes circonstances, la plaie résultant d'une amputation rez tronc a été le siège d'une carie, même après un pansement au coaltar soigneusement opéré. Nous avons, d'ailleurs, signalé nous-même, dans le présent travail [1], des échantillons qui tendaient à démontrer le fait inverse, à savoir qu'un chicot de branche morte peut arriver à être naturellement recouvert par les accroissements annuels, sans qu'il en résulte d'altération pour la partie du fût supportant le moignon considéré.

Sur le second point, la plupart des forestiers expérimentés s'accordent à penser que l'allongement du fût des arbres de réserve, dans les taillis sous futaie, peut s'obtenir chez les baliveaux de l'âge, et chez ceux-là seulement, par l'ablation des petites branches qui seraient tombées d'elles-mêmes si l'on avait laissé le taillis croître un peu plus longtemps en hauteur. Quant à l'amputation rez tronc des grosses branches mortes chez les arbres constitués, ils la repoussent comme dangereuse et ils condamnent à plus forte raison, chez ces mêmes arbres, l'ablation des branches vives qui ont plus de 3 à 5 centimètres de diamètre, c'est-à-dire de celles qui risquent de ne pas être cicatrisées en une seule saison par les tissus nouvellement formés.

Enfin, pour ce qui est du raccourcissement des branches principales de la cime, M. le comte des Cars le justifie en disant qu'après cette opération, l'arbre continue à élaborer, par ses feuilles, autant de sève qu'auparavant ; comme, d'autre part, ajoute-t-il, l'appareil des branches a été réduit, il en résulte qu'une portion plus considérable de la sève élaborée se porte sur le fût et que celui-ci grossit davantage. Bien que cette dernière théorie semble difficile à concilier avec les lois acceptées en physiologie végétale, on ne sera en droit de la juger définitivement que lorsqu'elle aura été soumise à des expériences méthodiques. Nous nous souve-

---

1. Voir §§ 13 et 30.

nons que des recherches de cette nature ont été commencées vers 1875, dans la forêt de Villers-Cotterets, contradictoirement entre M. le comte des Cars et les agents locaux, mais nous ignorons si elles ont été poursuivies et si on en a recueilli des résultats.

176. Littérature forestière. Ouvrages divers. — Plusieurs ouvrages français avaient pris place dans la vitrine de l'Exposition affectée aux livres.

Outre la petite bibliothèque forestière bien connue, éditée par la maison J. Rothschild, nous citerons :

Les œuvres complètes de M. Antonin Rousset, ancien inspecteur des forêts ;

Les thèses de doctorat en droit de M. George des Chênes, inspecteur adjoint des forêts ;

Une *Étude sur les Vices des Bois,* de M. G. Maréchal, ingénieur des Arts et Manufactures [1] ;

Un *Manuel du Cultivateur des Pins en Sologne,* de M. David Cannon [2] ;

La brochure intitulée : *la Sylviculture française* [3], dans laquelle M. Gurnaud, ancien élève de l'École forestière, expose sa nouvelle méthode de traitement et d'aménagement des forêts.

177. Système de M. Gurnaud. — On sait que ce système a pour but d'obtenir d'une forêt quelconque « l'accroissement le plus considérable au taux le plus convenablement rémunérateur ». En vue d'atteindre ce double résultat, but obligé à ses yeux de toute exploitation rationnelle, M. Gurnaud propose : d'une part, d'élever des peuplements où les tiges de différents âges sont confusément entremêlées ; d'autre part, de dresser, à des époques rapprochées, des inventaires du matériel sur pied dans toute la forêt, de façon à proportionner sans cesse les coupes à l'accroissement des bois. Ce n'est pas ici le lieu d'examiner si et jusqu'à quel point cette méthode, dite « du contrôle », permet d'obtenir, dans la pratique, les divers avantages qu'en attend son auteur. Sa discussion soulèverait, en

---

1. Extrait des *Mémoires de la Société nationale d'agriculture.* — Paris, 1883.

2. Orléans, imprimerie Puget. 1884.

3. Paris, Librairie agricole. 1884.

effet, tant et de si graves questions de sylviculture et d'aménagement, qu'il faudrait lui consacrer plus de place que ne le comporte le cadre de notre travail.

178. Annuaire de Meurthe-et-Moselle. — Enfin, M. le docteur Cleghorn avait, par une attention délicate pour l'École de Nancy, déposé dans la vitrine un exemplaire de l'*Annuaire du département de Meurthe-et-Moselle* pour 1884, parce qu'il renferme les noms du personnel enseignant de cet établissement.

ARTICLE II

Allemagne.

179. — Renseignements statistiques.

Étendue totale.	54,052,184 hectares.
Population	45,234,061 habitants.
Surface boisée [1]	13,900,611 hectares.

Soit 26 p. 100 de l'étendue totale du territoire.

180. Envois à l'Exposition. — S'il y avait à regretter, à un point de vue quelconque, que la France ait pris une part assez modique à l'Exposition d'Édimbourg, on pourrait s'en consoler en remarquant qu'elle occupait une plus large place que l'Allemagne, où pourtant la sylviculture joue un bien plus grand rôle que chez nous dans l'économie nationale.

Outre quelques échantillons de pâte de bois, quelques articles de vanneries et des graines forestières (ces dernières envoyées par MM. H. Keller et fils, de Darmstadt), les Allemands avaient surtout exposé des ouvrages forestiers et des documents scientifiques.

On voyait, dans la bibliothèque, les écrits de MM. Ebermayer, professeur à l'Université de Munich, Hess et Schwappach, professeurs à l'Université de Giessen, Nördlinger, professeur à l'Université de Tubingue, Weise, professeur à l'École forestière de Neustadt-Eberswald.

---

1. D'après le *Forst- und Jagd-Kalender,* publié par MM. Judeich et Behm. (Berlin, J. Springer, 1885.)

L'administration des forêts du grand-duché de Bade et celle de la principauté de Hohenzollern-Sigmaringen avaient envoyé des pièces officielles relatives à l'aménagement des forêts de ces pays et à la comptabilité de leur gestion.

Enfin, parmi les ouvrages allemands figurait une traduction du traité d'élagage de M. le comte des Cars [1].

ARTICLE III

Danemark.

181. — Renseignements statistiques.

Étendue totale . . . . 3,956,700 hectares.
Population. . . . . 1,981,000 habitants.
Surface boisée. . . . . 204,000 hectares.
Soit 5 p. 100 de l'étendue totale du territoire.

182. Caractère scientifique de la section danoise. M. P.-E. Muller. —

L'exposition danoise avait des proportions fort modestes, mais elle était si complète dans son exiguïté, si bien disposée, et elle portait l'empreinte d'un cachet scientifique de si bon aloi, qu'il serait dommage de ne pas lui consacrer quelques développements. Elle avait, d'ailleurs, été installée par le chef du service forestier danois lui-même, M. le *Hofjaegermester* P.-E. Muller, ancien professeur à l'Université de Copenhague, avec qui nous nous rappelons avoir pris part, en 1869, aux tournées de l'École de Nancy.

M. Muller avait inséré dans le catalogue de l'Exposition une notice statistique dont nous extrayons les renseignements ci-après.

183. Forêts en général. Contenance. —

Sur les 204,000 hectares de forêts qui existaient dans le pays en 1881, au moins 26,000 provenaient de reboisements effectués dans les 25 dernières années et non encore complètement terminés.

Des 178,000 hectares restants, environ 18 p. 100 sont à défal-

---

1. *Des Cars.* — *Das Aufästen der Bäume. In's Deutsche übertragen durch C. Huber.* Cöln, Dumont-Schauberg, 1886.

quer comme étant occupés par les routes (1 ½ p. 100), les tourbières, prairies et terres arables affectées aux agents et aux préposés
(10 p. 100), les landes de bruyères et les rivages de la mer (6 ½
p. 100).

La propriété boisée se répartit ainsi entre les différentes catégories de biens :

        Couronne. . . . . 26 p. 100.
        Établissements publics. . . . . 9 *id.*
        Majorats . . . . 29 *id.*
        Biens libres. . . . . 36 *id.*

184. Forêts de la Couronne. — L'étendue des forêts de la Couronne (domaniales) a varié comme il suit depuis 1790 :

        En 1790. . . . . 23,930 hectares.
        En 1820. . . . . 26,750 *id.*
        En 1850. . . . . 39,740 *id.*
        En 1880. . . . . 46,040 *id.*

L'augmentation de surface constatée dans les 30 dernières années
est due entièrement au boisement des landes de bruyères.

Outre ces forêts, qui sont aménagées en vue du rapport, la Couronne possède 1,159 hectares de forêts et de parcs d'agrément et
1,773 hectares de plantations de dunes situées sur la côte occidentale du Jutland et placées sous une administration distincte.

Les forêts royales sont divisées en 22 districts et sont adminis-
trées par 3 *forestiers supérieurs* sous les ordres desquels fonction-
nent 22 *forestiers,* 64 *sous-forestiers* et 266 *aides.*

185. Forêts en général. Essences, traitement. — Les 26,000
hectares de landes reboisés dans les 25 dernières années sont ou
seront à peu près exclusivement garnis de pins. Les 178,000 hectares d'anciennes forêts sont constitués par les essences suivantes :

        Hêtre. . . . . 60 p. 100.
        Chêne. . . . . 7 *id.*
        Autres grandes essences feuillues. . . . . 6 *id.*
        Épicéa et pin . . . . 21 *id.*

La presque totalité de l'étendue boisée, sans distinction de propriétaires, est traitée en futaie ; il y a au plus 6 p. 100 de la super-

ficie qui soient soumis au régime du taillis simple et seulement 2 p. 100 au régime du taillis composé.

186. Rendement en matière. — Le rendement en matière des anciennes forêts (178,000 hectares) a été calculé à l'aide de relevés effectués sur les deux tiers des forêts de la contrée pendant les années 1875 à 1878 : il s'élève à 4^{mc},1 par hectare et par an.

Les produits se répartissent comme il suit par essences :

Hêtre.	68 p. 100.
Chêne.	10 *id.*
Autres essences feuillues	10 *id.*
Épicéa et pin	12 *id.*

Sur le rendement total, le bois d'œuvre entre pour 19 p. 100 et le bois de feu pour 81 p. 100. — En ce qui concerne les fûts des arbres, 30 p. 100 de leur volume ont été convertis en bois d'œuvre et 70 p. 100 en bois de feu.

187. Importation et consommation de produits ligneux. — Le Danemark importe annuellement 434,000 mètres cubes de bois étrangers, principalement d'épicéa et de pin.

La valeur des importations de bois effectuées pendant les années 1876-1880 est d'environ 23,941,200 fr., sur lesquels 3,453,000 représentent le prix des bois réexportés comme marchandises fabriquées.

Le Danemark consomme par an 1,217,545 mètres cubes de bois ou 0^{mc},609 par habitant. C'est, après l'Angleterre, le pays d'Europe qui, pour ce genre de matière première, et eu égard au chiffre de sa population, est le plus tributaire de l'étranger. Il peut exporter une partie du bois d'œuvre d'essences feuillues qu'il tire de ses forêts, mais il ne produit pas 10 p. 100 du bois d'épicéa et de pin qu'il consomme.

188. Envois à l'Exposition. Produits forestiers. — L'Exposition du Danemark présentait assez de variété pour qu'il soit nécessaire de grouper méthodiquement les objets que nous voulons signaler dans notre compte rendu.

Dans la catégorie des produits bruts, nous mentionnerons des sections longitudinales et transversales de tiges de chêne, hêtre, frêne, orme, saule, tilleul, sycomore, bouleau et épicéa. La beauté de ces échantillons, exposés, les uns par l'administration forestière, les autres par divers industriels de Copenhague, montrait à quel degré les grandes essences de France prospèrent sous le climat maritime du Danemark. — Les produits fabriqués comprenaient de la pâte de bois (épicéa et pin), des pavés en bois, des pièces de carrosserie ou de mobilier, des sabots, des ustensiles de ménage, etc.

189. Instruments et appareils. — M. Cornelius Knudsen, constructeur à Copenhague, avait envoyé une collection de 71 instruments de mesure de toute espèce : règles, chaînes d'arpenteur, théodolites, baromètres anéroïdes, thermomètres, etc. Nous avons surtout remarqué un compas forestier, en forme de parallélogramme articulé, où les causes d'erreurs habituelles à ce genre d'instruments sont évitées d'une façon ingénieuse ; — puis un hypsomètre, installé sur trépied et vis calantes, qui permet d'obtenir à la fois la hauteur d'un arbre et son diamètre en un point quelconque de la tige. Cet appareil, qui mériterait le nom de *dendromètre* plutôt que ceux qui donnent uniquement la hauteur des arbres, se distingue, d'ailleurs, des dendromètres ordinaires par une grande précision : malheureusement il coûte plus de 100 fr.

L'Exposition renfermait aussi des outils divers pour abattre et débiter les bois.

190. Documents scientifiques en général. — Ce sont surtout les objets à ranger sous cette rubrique qui, par leur nombre et leur nature, faisaient honneur à la section danoise et la signalaient à l'attention du public éclairé.

La plupart des documents exposés émanaient du service forestier, et spécialement de son chef, M. Muller. Les yeux du visiteur étaient frappés tout d'abord par de grands tableaux appendus aux parois de la galerie. Les uns représentaient graphiquement plusieurs des données statistiques que nous avons transcrites plus haut. D'autres montraient les résultats des expériences faites par M. Muller sur la croissance des arbres et des peuplements d'après les méthodes employées dans les stations d'expérimentation forestière d'Allemagne.

191. Végétation des hêtres considérés individuellement.
— L'une de ces épures, accompagnée d'une légende en français,
rendait compte des effets produits sur un hêtre de 60 ans par le
mode de traitement appliqué en Danemark aux peuplements. de
cette essence. A en juger par le profil attribué sur le tableau à la
cime dudit hêtre (forme d'un ovoïde allongé), l'arbre analysé avait
crû dans un massif assez serré jusqu'à l'époque où on l'avait abattu.
La hauteur totale du sujet était de 27 mètres.

**192. Végétation des peuplements de hêtre, de chêne et
d'épicéa.** — D'autres épures se rapportaient à la végétation non
plus d'arbres considérés isolément, mais de peuplements entiers.
Elles permettaient d'établir un rapprochement entre la méthode employée dans le Danemark pour l'éducation des massifs de hêtre, de
chêne et d'épicéa et le système préconisé en Allemagne pour les
mêmes essences par M. le professeur Baur, de Munich. — Voici du
reste, en substance, les faits que les courbes tracées sur les tableaux
mettaient en évidence:

1° *Hauteur moyenne des peuplements de hêtre, de chêne et d'é-
picéa à différents âges.* Rien de remarquable à signaler.

2° *Nombre de pieds qu'on trouve par hectare dans des peuplements de chêne et de hêtre de différents âges.* Nous extrayons de ce
tableau les chiffres suivants :

	À 20 ans.	à 120 ans.
Peuplement de chêne.	4,800 tiges.	100 tiges. '
Id. de hêtre.	4,000 *id.*	200 *id.*

M. Baur attribue au peuplement de hêtre de 20 ans, situé sur un
sol analogue, plus de 6,000 tiges par hectare, et au peuplement de
hêtre de 120 ans plus de 600 tiges. Il faut en conclure qu'en Danemark les massifs de hêtre sont plus fortement éclaircis qu'en Ba-
vière ; et, si l'on se reporte au profil de hêtre dont il a été parlé
plus haut, on est conduit à penser que les forestiers danois, tout en
desserrant davantage le peuplement, le maintiennent relativement
assez serré jusqu'à 60 ans, soit jusqu'à mi-révolution, et que c'est
surtout à partir de cette époque qu'ils l'ouvrent fortement.

3° *Diamètre moyen des tiges dans des peuplements de hêtre de
différents âges.* On constate que, à égalité d'âge, les diamètres sont

plus gros en Danemark qu'en Allemagne, ce qui concorde avec la façon dont on pratique les éclaircies.

4° *Matériel sur pied, par hectare, dans des peuplements de chêne, de hêtre et d'épicéa de différents âges.* Nous transcrivons à ce sujet quelques données :

	Volume à 30 ans.	Volume à 120 ans.
Peuplement de chêne	140 m. c.	500 m. c.
Id. de hêtre	120 *id.*	660 *id.*
Id. d'épicéa	280 *id.*	900 *id.*

193. Cartes, livres et brochures. — A côté des tracés graphiques que nous venons de mentionner, se trouvaient des cartes forestières dressées par le·service forestier. Leur exécution était d'une netteté remarquable.

Enfin, aux documents qui garnissaient les murs, on avait joint des livres et atlas étalés sur des tables, à la portée du visiteur. C'est encore M. Muller dont le nom revient sous notre plume à propos de ces ouvrages. Il est, en effet, le rédacteur en chef d'une *Revue forestière*[1], où il a fait paraître pour la première fois des *Études sur la sylviculture*[2] et un *Essai de statistique forestière du Danemark*[3], qui, depuis, ont été publiés séparément. — Différents professeurs avaient également envoyé des volumes et brochures ayant la sylviculture pour objet.

Ajoutons que, parmi les ouvrages de cette catégorie, quelquesuns étaient dus à de simples particuliers. Ainsi Mᵐᵉ la comtesse de Reventlow présentait un traité d'économie forestière, écrit en 1811 et 1812 par M. le comte de Reventlow, ministre d'État, et imprimé en 1879, par les soins de l'héritière de son nom.

Une société qui s'est constituée en vue de mettre en valeur, par le boisement, les landes et marais du Jutland, exposait des cartes et des rapports relatifs à ces travaux.

---

1. *Tidskrift for Skovbrug. — Udgwet of P. E. Muller. Gyldendalske Boghandt.* 1878-1884. 7 vol. in-8°.

2. *Studier over Skovjord.* 1 vol. in-8°. — Kjobenhaven, Jorgensen and Cᵒ, 1878.

3. *Omrids of en dansk Skovbrugstatistik.* — Kjobenhaven, Jorgensen and Cᵒ, 1881.

194. Impression du visiteur. — En définitive, si notre igno-rance de la langue danoise nous a empêché de prendre de toute cette littérature une connaissance aussi approfondie que nous l'au-rions désiré, nous avons pu néanmoins apprécier à sa juste valeur l'exposition du Danemark. Elle a laissé dans notre esprit, comme sans doute dans celui de beaucoup d'autres visiteurs, une impres-sion de vive sympathie à l'égard de ce vaillant petit peuple qui, pour travailler modestement et sans bruit, n'en contribue pas moins avec efficacité au progrès de la science forestière.

ARTICLE IV

Suède.

195. Renseignements statistiques.

Étendue totale. . . . . 44,281,800 hectares.
Population . . . . 4,566,000 habitants.
Surface boisée [1]. . . . . 17,569,000 hectares.
Soit 24 p. 100 de l'étendue totale du territoire.

196. Envois à l'Exposition. — Les envois de la Suède ne ré-pondaient pas à la quantité considérable de bois résineux qu'elle exporte dans toutes les parties du monde, jusqu'au Brésil, au cap de Bonne-Espérance et en Australie. Ils consistaient principalement en échantillons de pâte à papier obtenue soit par les acides, soit mécaniquement, et en spécimens de graines de pin sylvestre.

Une association sylvicole dont le siège est à Franö exhibait ses statuts et ses rapports annuels, accompagnés de quelques cahiers d'aménagement : c'était le seul exposant qui ne poursuivît pas un but commercial.

---

[1]. D'après la *Statistique de la Suède,* par le Dr Elis Sidenblatt, 1874. (Voir la *Statistique forestière de la France de* 1878.)

ARTICLE V

Norwège.

197. — Renseignements statistiques.

Étendue totale. . . . . 31,819,500 hectares.
Population . . . . 1,806,000 habitants.
Surface boisée [1] . . . . 7,660,125 hectares.
Soit 25 p. 100 de l'étendue totale du territoire.

198. Envois à l'Exposition. Généralités. — L'exposition de la Norwège était un peu plus complète que celle de la Suède et présentait, outre les échantillons de pâte de bois et de semences, d'assez nombreux sciages de pin sylvestre et d'épicéa et quelques documents scientifiques. Cela tenait sans doute à ce qu'il y a en Norwège une administration forestière régulièrement organisée, qui tend à faire regarder le bois, par les populations, autrement que comme un bien naturel dont il s'agit simplement de profiter sans souci du lendemain. Des fonctionnaires de cette administration avaient envoyé, en leur nom personnel, des herbiers, des plants récoltés dans une pépinière domaniale, des outils. Plusieurs échantillons de bois provenant de Laurvig, petite ville située sur la côte méridionale de la Norwège (longitude 10° E. de Greenwich, latitude 59°), montraient que le hêtre et le chêne rouvre se rencontrent encore à cette station avancée de l'Europe septentrionale. D'autres spécimens, en bois de pin sylvestre et d'épicéa, permettaient de constater que ces deux essences ont des accroissements tout à la fois très lents et très réguliers.

199. Tableau statistique de M. Holmboe. — Le chef du service des douanes à Christiania, M. Othar Holmboe, avait eu l'excellente idée de représenter sous une forme schématique, sur un tableau mural, la distribution des forêts en Norwège, la nature des essences qui les peuplent, enfin les quantités de bois exportées dans les différentes contrées du globe. Il appert de ce travail

---

1. D'après la *Statistique forestière de la France* de 1878.

que les forêts sont surtout concentrées dans la partie de la Norwège située à l'est des monts Kiœlen, et qu'on appelait jadis le Sondenfield. Quant aux volumes de bois exportés annuellement de la Norwège, ils s'élèvent, d'après une moyenne établie par M. Holmboe, à 976,000 *register-tons,* soit 1,104,104 mètres cubes, et se répartissent comme il suit d'après leurs lieux de destination :

Grande-Bretagne.	698,529 m. c.
dont $^1/_7$ environ en planches et le reste en bois de charpente.	
Danemark . . , ...	49,148
Suède.	14,551
Russie.	8,024
Allemagne	47,428
Hollande.	81,017
Belgique.	43,188
France.	117,869
dont $^3/_5$ en sciages.	
Espagne	7,257
Afrique	8,703
Australie.	33,390
Total.	1,104,104 m. c.

ARTICLE VI

Suisse.

200. — Renseignements statistiques.

Étendue totale	4,139,000 hectares.
Population.	2,846,000 habitants.
Surface boisée [1].	781,984 hectares.

Soit 19 p. 100 de l'étendue totale du territoire.

204. Envois à l'Exposition. — La Suisse n'aurait révélé au public d'Édimbourg son activité dans le domaine de l'économie forestière que par quelques articles de bois sculpté, si M. Landolt,

---

1. D'après le rapport de M. le professeur Landolt sur l'Exposition nationale de Zurich, en 1883 (*Bericht über die Gruppen* 27 *und* 28 *der schweiz. Landes-Ausstellung* 1883. — Orell, Füssli und C°. Zürich, 1884).

professeur de sylviculture à l'École polytechnique de Zurich, n'avait déposé un exemplaire de son rapport sur les groupes de la sylviculture et de la chasse à l'Exposition nationale suisse de 1883. Ce travail est une des meilleures statistiques forestières qu'on ait publiées jusqu'à ce jour.

ARTICLE VII

Italie.

202. Renseignements statistiques.

Étendue totale. . . . . 29,632,200 hectares.
Population . . . . 28,459,000 habitants.
Surface boisée. . . . . 5,956,650 hectares.
Soit 20 p. 100 de l'étendue totale.

203. Envois à l'Exposition. — Un certain nombre d'industriels italiens avaient envoyé à l'Exposition des objets en bois sculpté, des articles de vannerie et des spécimens d'anciens uniformes de gardes forestiers ; il n'y avait pas dans tout cela matière à grand intérêt. Ce qui méritait davantage l'attention des visiteurs studieux, c'était une collection de livres, de brochures et de pièces manuscrites relatives à la sylviculture réunies par M. G. Comminotti, inspecteur général des forêts du royaume. Parmi ces documents se trouvaient les rapports de tournées de M. Comminotti lui-même ; il est regrettable que le temps nous ait fait défaut pour les consulter, car ils renferment sans doute des renseignements inédits.

ARTICLE VIII

États-Unis d'Amérique.

204. Renseignements statistiques.

Étendue totale . . . . 946,400,000 hectares.
Population. . . . . 50,523,000 habitants.
Surface boisée . . . . ?

205. Situation forestière. — Les États-Unis d'Amérique sont encore, dans leur ensemble, un pays producteur de bois et ils en exportent tous les ans pour 80 millions de francs environ. Mais leurs forêts, qui présentent la flore la plus variée, depuis les espèces boréales des rives des grands lacs, jusqu'aux plantes tropicales de la Floride, ne sont pas exploitées rationnellement, et elles se réduisent tous les jours davantage en surface et en matériel. En effet, aux États-Unis, la propriété boisée n'appartient nulle part aux gouvernements locaux; ceux-ci, d'ailleurs, n'ont pas en général de terres sur lesquelles on pourrait produire du bois avec quelque chance de succès. Les établissements publics ne possèdent non plus qu'une quantité insignifiante de biens fonciers. La forêt se trouve donc entre les mains des immigrants, des colons, qui ont, de tous temps et en tout lieu, détruit sans ménagement les massifs de bois commerçables. Très souvent ces spéculateurs ont tellement surchargé le marché, qu'ils se sont ruinés par des exploitations qui, bien conduites, les eussent enrichis. Toutes les parties facilement accessibles ont été ainsi aveuglément dévastées. L'action exercée par l'État en vue d'enrayer cette destruction et de provoquer le reboisement des surfaces dénudées a été, jusque dans ces derniers temps, complètement insuffisante. Il est vrai qu'il y a, dans tous les États, des lois destinées à prévenir l'anéantissement des forêts, mais l'exécution rigoureuse de mesures efficaces est généralement restée irréalisable, par suite du manque d'agents spéciaux pourvus d'une instruction technique.

206. Mesures proposées. Mission du Dr Franklin Hough. — Pourtant, vers 1878, le gouvernement de Washington résolut d'assurer sérieusement la conservation ou plutôt la reconstitution des richesses forestières du pays. Il s'adressa au Dr Franklin B. Hough, botaniste distingué, et le chargea de deux missions : la première, aux États-Unis, pour rendre compte au Congrès de l'étendue du mal à réparer[1] ; la seconde, en Europe, pour y étudier l'organisation de l'enseignement professionnel. C'est à la suite de ce voyage, dans

---

1. Le rapport du Dr Hough a été reproduit, en substance, dans la *Zeitschrift für Forst- und Jagdwesen*, numéro de septembre 1881. C'est là que nous avons puisé les renseignements sommaires que nous donnons sur la situation forestière aux États-Unis.

lequel le vénérable savant ne manqua pas de visiter l'École de Nancy, que différents moyens furent proposés par lui au gouvernement fédéral pour remédier à la ruine des forêts : institution de primes en faveur des travaux de reboisement; affranchissement des terrains boisés de tout impôt pendant un certain temps ; exécution sévère des lois protectrices contre les incendies; création de chaires de sylviculture dans les établissements d'instruction; organisation de stations d'expérimentation forestière reliées à ces établissements ; enfin publication d'un compte rendu annuel de la situation du pays au point de vue sylvicole. Nous ne savons si le gouvernement fédéral a adopté tout ou seulement partie de ces mesures, mais il est certain qu'aujourd'hui, dans toute l'Amérique du Nord, le public s'intéresse aux questions forestières. Il s'y est constitué une *Association américaine de Forestiers* qui a tenu, en 1882, deux réunions, l'une à Cincinnati, aux États-Unis, l'autre à Montréal, au Canada. Si l'on en croit les journaux de l'époque qui ont rendu compte des séances, celles-ci ont été très suivies et l'on y a entendu des communications remplies d'intérêt.

207. Livres et brochures envoyés à Édimbourg. — L'envoi à Édimbourg de différents livres ou brochures ayant trait aux forêts tendait à corroborer ces assertions de la presse. Nous avons remarqué, parmi ces documents, les rapports officiels de M. F. B. Hough, pour les années 1877 à 1882, un traité de sylviculture[1] et différents mémoires du même auteur; les rapports de la commission entomologique de l'Union; les fascicules d'une revue périodique fondée par le Dr Hough[2]; enfin une traduction du traité d'élagage de M. le comte des Cars[3].

208. Objets divers exposés. — La commission entomologique

---

1. *Elements of Forestry*, by F. B. Hough. — R. Clark and C°, Cincinnati, 1882. In-8°, 381 p.

2. *American Journal of Forestry,* 1882-1883.

3. *Tree pruning,* by A. des Cars. — Translated by Ch. S. Sargent, Prof. of Arboriculture in Harvard College. — Williams and C°, Boston, 1881. — C'est la deuxième traduction de ce livre que nous ayons à mentionner. Nous aurions pu citer encore une autre traduction anglaise, parue en Grande-Bretagne. De tous les ouvrages français relatifs aux forêts, celui de M. le comte des Cars est, en effet, le plus connu à l'étranger.

que nous venons de nommer a pour but de signaler au département de l'agriculture les ravages commis par les insectes dans les États de l'Union et d'étudier les moyens de les prévenir. Le chef de cette commission, M. Riley, avait disposé dans des vitrines une intéressante collection d'insectes nuisibles aux forêts de l'Amérique du Nord.

M. F. B. Hough, qui est malheureusement décédé peu de temps après, avait réuni une série d'objets se rapportant à la récolte du sucre d'érable.

150 spécimens de bois de la Floride donnaient une idée de la végétation forestière de cette contrée célèbre par les belles pièces de mâture qu'on en tirait jadis.

Enfin, la Californie était représentée par quelques fragments de ses colosses végétaux. La *California Redwood Company* exhibait notamment une rondelle de *Sequoia sempervirens* de près de 5 mètres de diamètre. L'arbre dont provenait cette énorme section mesurait 90 mètres de hauteur et il avait fourni le chiffre presque incroyable de 175 mètres cubes de bois d'œuvre. D'après le nombre de ses couches annuelles, il était âgé d'environ 2,000 ans.

ARTICLE IX

Japon.

209. Renseignements statistiques.

Étendue totale.	38,200,000 hectares.
Population	35,925,000 habitants.
Surface boisée [1]	11,866,625 hectares.

Soit 32 p. 100 de l'étendue totale du territoire.

210. Importance et remarquable disposition de la section japonaise. — De l'avis de tous, la section japonaise était, avec

---

1. D'après la carte qui figurait à l'Exposition.

celles de l'Inde et du Danemark, la plus remarquable de l'Exposition. Elle l'emportait même sur les deux autres par son développement en surface, car les deux bras du transept oriental avaient dû lui être attribués, alors que la section indienne n'occupait guère plus de la moitié du transept central et que le Danemark se contentait d'un compartiment fort restreint de la grande galerie.

Ce qui a surtout frappé les visiteurs de la section japonaise, c'est son parfait ordonnancement: non seulement les nombreux objets qu'elle renfermait étaient rangés avec une méthode et un goût irréprochables; mais encore la nature ou la destination de chacun d'eux étaient indiqués, en anglais, sur une pancarte, toujours clairement rédigée, parfois même pleine de détails instructifs.

211. Mission de MM. Takeï et Takasima. — Il faut dire que le gouvernement impérial avait donné tous ses soins à cette exposition, et que le directeur général des forêts lui-même, M. Takeï, accompagné de son secrétaire, M. Takasima, et d'un interprète, étaient venus à Édimbourg surveiller de leur personne le déballage et l'arrangement des envois.

M. Takasima, qui parle couramment le français, se trouve maintenant à Nancy, où il se propose de suivre, pendant deux années complètes, les cours de l'École forestière; ses notions étendues en histoire naturelle lui permettront à coup sûr de bien s'assimiler la partie purement professionnelle de l'enseignement.

Grâce à son obligeance et à la bienveillance de son chef, nous avons obtenu, en ce qui concerne les forêts du Japon, un certain nombre de renseignements inédits que nous croyons devoir reproduire ici en substance, avant de passer à l'examen de l'exposition japonaise elle-même.

212. Étendue de la propriété boisée. — Coïncidence assez rare, le Japon, bien que très peuplé, est aussi très boisé. Il renferme, non compris les îles d'Okinawa et d'Hokkaïdo, 11,866,625 hectares de forêts[1]. Là-dessus il y a 5,259,182 hectares à l'État et 6,607,443 hectares aux particuliers.

---

1. Le Japon a adopté le système métrique. L'hectare y porte le nom de *cho,* l'arc de *tan.*

213. Causes de la richesse forestière du Japon. — La flore forestière y est tout à la fois riche en espèces et luxuriante de végétation, double circonstance heureuse qui s'explique par différentes causes dont les principales sont les suivantes :

L'empire japonais s'étend du 24ᵉ au 51ᵉ degré de latitude Nord, et son axe est dirigé du N.-E. au S.-O. Il y a, conséquemment, une énorme différence entre les climats de ses deux extrémités. Comme, en outre, de hautes montagnes se dressent dans toutes les parties du territoire, on peut constater sous un même parallèle des températures très diverses, selon l'altitude du lieu considéré. Aussi trouve-t-on réunies au Japon, même à de faibles distances, les essences caractéristiques de tous les climats, depuis ceux des pays froids jusqu'à ceux des régions tropicales. On peut compter en tout 199 grandes essences et 117 arbustes et arbrisseaux.

En second lieu, il existe au Japon une très grande variété de roches et de formations géologiques. Il en résulte que les arbres trouvent en abondance les principes minéraux nécessaires à leur végétation.

Enfin, l'empire est une des contrées du globe les plus favorisées sous le rapport des pluies, et cela parce qu'il est entouré d'eau de toutes parts, qu'il présente de hautes montagnes et que le *Courant japonais* longe ses côtes. Dans de pareilles conditions, les peuplements forestiers doivent, on le conçoit, pousser à souhait.

Rien donc, au point de vue sylvicole, ne manque à cet heureux pays, pas même une population sage et assez éclairée pour avoir su ménager les forêts spontanées et les maintenir en possession des terrains peu aptes à d'autres genres de cultures.

214. Division du Japon en cinq régions forestières. — On peut, pour la facilité de l'étude, répartir ces forêts entre cinq grandes régions ayant chacune un climat particulier et par suite des essences spéciales. C'est d'ailleurs ce qu'a fait le service forestier, pour dresser une carte dont nous dirons quelques mots plus loin. Il a jugé avec raison que la manière la plus simple et la plus claire de caractériser le climat de chaque région était d'indiquer la quantité de neige qui y tombe annuellement ; de même, pour caractériser la flore d'une région considérée, il a choisi l'essence de première grandeur qui y est le plus répandue.

215. Région du « Ficus Wightiana ». — Dans la *première région*, la plus méridionale, la température est élevée. La neige, fort rare d'ailleurs, n'y tombe que sous forme de flocons très ténus, et jamais elle ne séjourne sur le sol. C'est la *région du Ficus Wightiana*. Elle est située près du courant océanien venant de la zone torride. Aussi les forêts spontanées y ressemblent un peu à celles des contrées tropicales ; elles sont constituées, en effet, par des essences à feuilles larges et persistantes, avec des fûts élevés, et des branches qui s'entrelacent en épais massifs pour masquer le ciel, en toute saison, de leur sombre verdure. En mélange avec le *Ficus Wightiana* croissent beaucoup d'autres espèces, notamment le *Cycus revoluta*, le *Livistonia chinensis*, le *Cyathea spinulosa*. Nous signalerons aussi le buis, qui a été introduit avec succès dans les provinces d'Osoumi et de Satsouma ; son bois est très usité en ébénisterie.

216. Région du « Pinus Thunbergii ». — La *deuxième région*, ou *région du Pinus Thunbergii*, est située entre les 30° et 37.° parallèles. Elle comprend la plus grande partie des îles de Kiou-Siou et de Sikok, ainsi que la moitié sud de la grande île de Nippon. La neige y tombe plusieurs fois chaque année, au moins dans le bassin de l'Océan Pacifique; mais elle reste rarement plus d'un jour ou deux sur le sol. Pourtant on cite, dans la partie de la région tournée vers la mer du Japon, quelques localités où elle subsiste pendant un ou deux mois. Ce sont encore les arbres à feuilles persistantes (soit larges, soit aciculaires) qui dominent dans les forêts spontanées, et c'est seulement à l'état disséminé que se rencontrent certaines espèces à feuilles caduques, toutes douées d'ailleurs de limbes largement développés. Parmi les essences à feuilles aciculaires, il faut citer, outre le *Pinus Thunbergii*, le *Pinus densiflora*, le *Cryptomeria japonica* (le cèdre japonais et l'une des principales essences du pays), enfin l'*Abies firma*. Certains arbres à feuilles larges, tels que *Cinnamomum Camphor* (le camphrier), *Zelkowa Keaki*, *Quercus acuta*, *Quercus glauca*, etc., sont également estimés pour l'œuvre. En ce qui concerne les forêts régénérées artificiellement, les provinces de Totomi, Kii, Yamato et Hiuga produisent beaucoup de bois d'œuvre de *Cryptomeria japonica* et de *Thuya obtusa*, afin de satisfaire à la demande des grandes villes, de Tokio et d'Osaka par exemple. La région renferme aussi en abondance de bons taillis dont on tire du bois de feu et du charbon. En fait, depuis longtemps, l'exploitation des forêts est, dans cette région, plus avancée qu'ailleurs, parce que le climat y est tempéré et que les transports s'y font facilement par terre et par eau. Sur beaucoup de points, les massifs de *Pinus Thunbergii* et de *Pinus densiflora* se régénèrent naturellement après la coupe sans le secours de la plantation. Aussi la disette de bois d'œuvre ne s'y fait pas encore sentir, bien que les exploitations y aient déjà passé plusieurs fois sur le même point.

217. Région du « Fagus sylvatica ». — Dans la *troisième région,* ou *région du Fagus sylvatica,* la neige persiste pendant près de cinq mois chaque année. Cette région couvre une très grande surface dans la moitié nord de l'île principale (Nippon). Les forêts spontanées y sont généralement formées d'arbres à feuilles larges et caduques; mais il y en a aussi, dans certains districts, qui sont composées exclusivement d'essences à feuilles aciculaires. Les massifs de *Thuya obtusa* et de *Thuya pisifera* dans les montagnes de Kiso (province de Chinano); ceux de *Cryptomeria japonica* dans la province d'Ougo; ceux de *Thuya dolobrata* dans la province de Moutsou peuvent être considérés comme les plus importants de la région, aussi bien au point de vue de la beauté des arbres que des qualités de leurs produits ligneux. Les essences à feuilles larges produisent également de bon bois pour le service et l'industrie. Les forêts régénérées artificiellement sont moins nombreuses que dans la seconde région; elles sont d'ailleurs composées principalement de *Cryptomeria japonica.* Les populations puisent dans les forêts naturelles d'essences feuillues le bois de feu et le bois à charbon nécessaires à leurs besoins; aussi n'y a-t-il point ici de taillis comme dans la seconde région[1].

---

1. La démarcation entre la deuxième et la troisième région n'est pas très nette, à cause du grand développement et du manque de relief de leur zone de contact; puis aussi parce que les essences de la troisième région ont, à la

218. Région de l' « Abies Veitchii ». — La *quatrième région* est caractérisée par l'*Abies Veitchii*. Elle commence à la moitié supérieure des versants des hautes montagnes, aussi la neige y dure-t-elle neuf mois sur douze. Les forêts qu'elle renferme sont presque totalement peuplées d'essences résineuses ; ce n'est que dans la partie nord de Nippon, c'est-à-dire dans les provinces d'Ougo, Rikoutchou et Moutsou, que, malgré l'altitude, on trouve encore quelques forêts d'essences feuillues. Non seulement le bois d'œuvre de bonne qualité est rare dans cette région, mais le transport en est extrêmement difficile. On n'y a pas encore exécuté de repeuplements artificiels.

219. Région du « Pinus Cembra ». — La *cinquième région* ou *région du Pinus Cembra* est formée par les cimes des hautes montagnes. C'est la plus froide de l'empire ; sur presque tous les points la neige y est perpétuelle. Elle ne couvre d'ailleurs qu'une petite étendue de territoire. Nulle part les arbres n'y constituent de forêts proprement dites, et les sujets de *Pinus Cembra* qu'on y rencontre sont réduits à l'état d'arbustes chétifs et rampant sur le sol.

220. Genre de vie des populations montagnardes. — A cette esquisse rapide des régions forestières du Japon, le lecteur voudra bien nous permettre d'ajouter quelques détails sur le genre de vie mené par une partie de la population.

Les habitants des montagnes se procurent généralement les ressources nécessaires à leur existence en effectuant les travaux divers d'exploitation (abatage et transport des bois) dans les vastes massifs situés à proximité de leur demeure.

221. Organisation du travail d'exploitation des forêts. — Il y a deux classes de bûcherons : ceux qui sont appelés *soma* (maîtres-bûcherons) et ceux qui portent le nom de *higo* (aides-bû-

---

suite d'exploitations abusives, disparu de beaucoup de localités où elles croissaient précédemment ; enfin, parce que, le climat étant devenu plus chaud dans ces localités, des espèces nouvelles s'y sont naturalisées. Pour ces motifs, les auteurs de la carte forestière du Japon ont formé, avec la zone douteuse une *Région intermédiaire*, où les arbres de la deuxième région (notamment le *Pinus Thunbergii*) tendent à disparaître, où ceux de la troisième région (*Fagus sylvatica* par exemple) ne se montrent pas encore, mais qui présente *Pinus densiflora, Quercus serrata, Quercus dentata, Carpinus saxiflora, Carpinus japonica*, etc.

cheronß). Les uns et les autres s'associent entre eux, sous la conduite d'un chef (*soma-gachira*), homme expérimenté et influent, dont le rôle est de surveiller le travail de chacun et de rendre compte tous les jours des progrès de l'exploitation au propriétaire de la forêt.

Quand les bûcherons ont été embauchés, ils construisent, dans le voisinage de leurs chantiers, une hutte grossière où ils logent pendant la durée des travaux, car ils n'ont pas la permission de retourner à domicile entre temps. Quelque épaisse et escarpée que soit la forêt où ils opèrent, on constate qu'elle leur devient bientôt si familière qu'ils accomplissent leur tâche avec une rapidité et une hardiesse surprenantes.

Quand ils ne trouvent plus d'ouvrage en forêt, ils rentrent dans leurs villages et se livrent au travail des champs.

222. Salaire des bûcherons. — Le salaire journalier d'un maître-bûcheron (*soma*), quand il est employé à abattre les arbres, varie de 40 à 50 *sen* (1 fr. 80 c. à 2 fr. 20 c.); mais en fabriquant des bardeaux, par exemple, il ne gagne plus que 30 à 40 *sen* (1 fr. 30 c. à 1 fr. 80 c.). Habituellement il reçoit la moitié ou le tiers de sa paie à l'avance, et il laisse cette somme à la maison, pour assurer l'entretien de la famille pendant son absence. Le restant lui est délivré partie sous forme d'aliments ou autres objets qu'il touche en nature, pendant la durée de son engagement, partie sous forme d'une somme d'argent qu'on lui remet au moment où il regagne ses foyers. Le salaire d'un aide-bûcheron (*higo*) est toujours inférieur à celui du maître et ne dépasse pas 30 *sen* (1 fr. 30 c.) par jour. L'aide est généralement employé au transport des bois.

Les femmes et les enfants, qui sont quelquefois employés à de menus travaux, tels que l'extraction des morts-bois, ne reçoivent que 5 *sen* (0 fr. 20 c.) par jour, en sus de la nourriture.

223. Examen des objets envoyés. — Les renseignements statistiques qui précèdent vont nous permettre d'abréger beaucoup, pour l'exposition japonaise, les paragraphes que nous allons consacrer aux trois premiers groupes d'objets que nous avons l'habitude de distinguer.

Le *quatrième groupe*, celui qui est constitué par les livres, les cartes et les documents scientifiques exigera seul quelques développements.

224. Produits bruts et fabriqués. — Les échantillons de bois étaient remarquables par leurs grandes dimensions et par la façon ingénieuse dont ils étaient débités, en vue de permettre aux visiteurs d'en examiner les tissus suivant des sections plus ou moins obliques. Toutes les principales espèces du pays étaient représentées. Accordons une mention spéciale à une magnifique rondelle de *Cryptomeria japonica* de 1^m,20 de diamètre (avec une zone d'aubier de 0^m,10 d'épaisseur). Ce résineux a une importance considérable au Japon. On s'en sert pour tous les usages, constructions terrestres et navales, menuiserie, ébénisterie, carrosserie, etc. Quant aux essences feuillues, une des plus précieuses est le *Zelkowa Keaki*, qui appartient à la famille des ulmacées et présente beaucoup d'analogie avec notre orme champêtre.

Parmi les charbons de bois exposés, il y en avait d'extrêmement lourds, notamment celui du *Quercus phillyreoides*.

Les bambous croissent dans les parties chaudes du Japon et, ainsi qu'en témoignaient plusieurs échantillons, certains sujets atteignent jusqu'à 10 et même 15 centimètres de diamètre.

Les écorces à tan et celles destinées à d'autres usages abondaient.

De nombreux produits accessoires, gommes, résines, laques, épices, fruits, etc., figuraient sur les étagères.

En ce qui concerne les objets fabriqués, traverses de chemin de fer, bois fendus, tournés ou sculptés, articles de vannerie, etc., il serait oiseux de les décrire. Nous dirons seulement que les traverses appartenaient à 5 essences : *Thuya obtusa* et *Th. dolobrata*, *Larix Leptolepis*, *Fraxinus mandchurica* et *Castanea vulgaris*.

225. Outils, appareils, instruments. — L'Exposition renfermait des spécimens de tous les outils employés au Japon pour abattre le bois, le peler, le flotter, le travailler.

On y trouvait aussi divers types de chaussures, de guêtres et de gibecières utilisées par les bûcherons, et confectionnées, pour la plupart, en vue des travaux exécutés par la neige.

Dans un coin étaient réunis des instruments de mensuration, notamment des boussoles, des éclimètres, des chaînes d'arpenteur.

Les boussoles en usage parmi les géomètres japonais sont assez rustiques, mais l'alidade y tourne dans le plan de la ligne nord-sud, de façon à supprimer l'erreur due à l'excentricité de la visière.

226. Modèles réduits et dessins d'installations diverses. — Ce qu'il y avait de plus intéressant dans ce groupe, c'étaient les modèles en miniature et les dessins représentant des appareils et des installations de natures diverses, tels que : vannes et barrages pour le flottage à bûches perdues ; glissoires destinées à amener les pièces jusqu'aux cours d'eau ; huttes de bûcherons ; fours à charbon[1] construits sur le parterre des coupes ; enfin bassins d'immersion où les négociants du littoral conservent leurs provisions de bois de service. Cette dernière installation, dont on pouvait prendre une idée très nette grâce aux réductions en relief, aux photographies et à la longue notice qui s'y rapportaient, cette installation, disons-nous, mérite une description détaillée que son étendue nous force à renvoyer aux annexes[2].

227. Collections scientifiques. — Des herbiers et des spécimens naturalisés de champignons parasites, d'insectes et d'animaux vertébrés, permettaient de prendre un aperçu de la flore et de la faune du pays. Mais nous avons surtout remarqué de petites cassettes dans lesquelles étaient rangés méthodiquement des échantillons des principales espèces de bois du Japon, sous la forme de lamelles grandes comme des cartes à jouer et d'un demi-centimètre d'épaisseur. Des cassettes pareilles sont mises entre les mains des élèves de l'École forestière de Tokio, afin de les familiariser par des moyens analogues à ceux qu'on emploie chez nous, avec un ordre de connaissances pratiques que doit posséder toute personne qui s'occupe de forêts.

228. Livres et cartes, en général. — Nous ne parlerons pas des livres imprimés en langue et en caractères japonais : ils étaient

---

1. Ces fourneaux sont en terre ou en pierres cimentées avec de l'argile. Ils ont, en plan, une forme elliptique et mesurent 4 pieds de large, 6 de long et 5 de haut. Leur rendement en poids est de 30 p. 100 environ.

2. Voir l'Annexe VI.

naturellement pour nous lettre close. Tout ce que nous en savons, par M. Takasima, c'est qu'on avait exposé des ouvrages de sylviculture et de botanique écrits par des nationaux et non pas seulement des traductions.

Mais les cartes murales étaient parfaitement compréhensibles pour le public, grâce à des légendes en anglais. Il y en avait deux très intéressantes.

229. Carte de la distribution des essences du Japon. — L'une, dressée par M. Takasima et deux de ses collègues, donnait la distribution des essences entre les cinq régions naturelles que nous avons décrites plus haut. Dans un cartouche placé au bas, on avait représenté les profils-types des différentes espèces qui ont servi à dénommer lesdites régions. Deux autres cartouches donnaient pour chaque région, l'un la liste des essences spontanées, le second la hauteur moyenne au-dessus du niveau de la mer. Les chiffres exprimant l'altitude mettaient fort bien en évidence ce fait, d'ailleurs facile à comprendre, que les limites entre deux régions contiguës quelconques sont, dans leur ensemble, formées par des plans plongeant vers le nord au-dessous de l'horizon. La carte n'est terminée qu'en ce qui concerne les parties de l'empire déjà visitées par les officiers forestiers, c'est-à-dire les îles centrales. On aura à ajouter de nouvelles espèces ligneuses à la liste actuelle quand on aura reconnu les extrémités méridionale et septentrionale de l'empire, à savoir les îles Okinawa, Hokkaïdo et Saghalien. Pour faire la carte dont il s'agit, M. Takasima et ses collègues ont, pendant les 7 années 1878 à 1884, parcouru sans relâche plaines et montagnes, mesurant les altitudes à l'aide du baromètre et se rendant compte *de visu* de l'endroit où s'arrêtait l'aire d'habitation de chaque essence.

230. Carte de la répartition des forêts au point de vue géologique. — La seconde carte indiquait les formations géologiques occupées par les forêts du Japon. Il résulte de ce document que les sols granitiques et schisteux couvrent une très grande étendue de pays ; que les premiers portent de belles forêts spontanées de *Thuya obtusa,* tandis qu'on élève avec avantage sur les seconds des massifs de *Cryptomeria japonica,* créés artificiellement ; enfin, que la végétation forestière ne résiste pas aux coupes à blanc étoc sur les terrains volcaniques.

231. École forestière de Tokio. — Après les cartes dont il vient d'être question, ce qui a le plus attiré notre attention dans le 4e groupe, c'est un cahier manuscrit rédigé en anglais et consacré à l'école forestière récemment fondée à Tokio. La question de l'enseignement nous paraît avoir une telle importance au point de vue des progrès de la sylviculture, que nous avons copié ce cahier *in extenso*.

Nous nous bornerons, ici, à en indiquer les passages principaux sauf à transcrire aux annexes une partie des documents officiels où nous avons puisé nos informations.

232. Création et organisation. — L'École impériale forestière de Tokio a été créée, le 25 octobre 1882, par arrêté du premier ministre [1].

Le programme de l'enseignement est très complet et l'on y voit figurer plusieurs matières, telles que la tenue de livres, l'étude des sols (la *Bodenkunde* des Allemands), la météorologie, l'analyse chimique, le maniement du microscope, les exercices pratiques dans les pépinières, qui sont à peine effleurées à l'École nationale forestière de Nancy.

Il est vrai que la durée des études à l'école japonaise est de *cinq* années.

On peut y entrer jusqu'à l'âge de 25 ans.

L'épreuve à subir pour l'admission n'est pas un concours, et des examens semestriels sont destinés à éliminer les sujets incapables ou peu zélés.

Les élèves qui passent un quelconque de ces examens semestriels avec la note *très satisfaisant* sont nommés *élèves du Gouvernement* et instruits aux frais de l'État. Ils ne conservent d'ailleurs cette qualité que s'ils continuent à la mériter par leurs notes subséquentes.

Les élèves qui passent avec la note *satisfaisant* reçoivent des prix.

---

1. Voir à l'Annexe VII la traduction *in extenso* de cet arrêté, qui renferme nombre de dispositions dignes d'être notées.

233. Historique de son fonctionnement. — Le 10 novembre 1882, peu de jours après la création de l'école, le ministre de l'agriculture et du commerce fit connaître, par voie de circulaire, que l'institution nouvelle dépendrait de son département (section des forêts), et le lendemain, 11 novembre, M. Hazama Matenno, secrétaire du ministère de l'agriculture et du commerce, en fut nommé directeur.

Le même mois, 52 élèves furent, après avoir subi les examens réglementaires, admis à l'école dont ils composèrent la première promotion.

Le 1er décembre suivant eut lieu la cérémonie d'inauguration, sous la présidence du ministre, et les cours commencèrent immédiatement.

Nous ne croyons pas inutile de relater ci-après, dans leur ordre chronologique, quelques faits destinés à donner une idée générale du fonctionnement de l'institution.

Les dépenses totales de l'école, pour le temps écoulé depuis sa fondation jusqu'au mois de juin de l'année suivante, furent fixées à 5,970 *yen* (31,939 fr. 50 c.).

A ce crédit primitif on ajouta 746 *yen* (3,991 fr. 10 c.) au mois d'avril 1883.

C'est aussi dans le courant de ce mois d'avril que 39 élèves furent envoyés au mont Lida, province de Sagami, pour s'y livrer à des études pratiques.

A la fin de juillet, les dépenses totales s'élevaient déjà à 15,000 *yen* (80,250 fr.).

Le 17 septembre, 38 élèves passèrent le premier examen de fin d'année : 4 d'entre eux devinrent *élèves du Gouvernement* et 12 reçurent des prix.

Dans le courant du même mois, 42 nouveaux élèves furent admis à l'école et formèrent ainsi la seconde promotion.

Au mois de février de l'année suivante (1884), on reçut une troisième promotion de 24 élèves.

234. Personnel. — Les professeurs et autres fonctionnaires de l'école sont des Japonais qui ont fait leurs études forestières en Allemagne. En voici la liste :

Professeur-directeur. 1
Professeur adjoint attaché à la direction 1
Professeur titulaire 1
Professeurs adjoints. 6
Répétiteurs 2
Employés divers. 16
Médecin. 1
Agents comptables. 2

                                          Total. 30

Le contrôle des élèves s'établissait comme il suit, à la fin de 1883 :

Nombre total des élèves autorisés à suivre l'enseignement. . . 118
Malades, morts, renvoyés, etc. 18

                                          Reste 100

Là-dessus il y avait 4 *élèves du Gouvernement* et 98 élèves payants.

235. Matériel. — L'installation matérielle de l'école et son outillage (pépinière, arboretum, livres, instruments, collections) ne laisse pas plus à désirer que ses ressources en personnel, comme on s'en convaincra en se reportant à l'inventaire qui figure par extraits aux annexes [1].

236. Impression du visiteur. — Le lecteur peut décider maintenant si nous étions en droit d'annoncer, dès le début de cet article, que la section japonaise présentait un vif intérêt. Elle a été pour nous, comme pour toutes les personnes qui n'avaient pas encore vu à l'œuvre, dans leur patrie, ces fils de l'Extrême-Orient, une véritable révélation. La haute idée qu'ils nous avaient donnée à Édimbourg de leur propre culture intellectuelle et de leur réceptivité à l'égard de la civilisation européenne [2], n'a d'ailleurs fait que s'imposer davantage à notre esprit lorsque, en retournant à notre poste,

---

1. Voir l'Annexe VIII.

2. On sait, en effet, que les Japonais viennent en grand nombre en Europe pour leur instruction, et que ce sont des Européens, et notamment des Français, qui ont organisé ou qui organisent actuellement les principaux services du Japon.

nous avons visité la section japonaise de l'Exposition d'hygiène de
Londres. Aussi pouvons-nous affirmer hardiment aujourd'hui que
si le Japon doit tirer quelque profit de la présence d'un de ses nationaux à l'École forestière de Nancy, les Français, de leur côté,
feront bien de ne pas perdre de vue ce qui se passe au Japon dans
le domaine de la sylviculture ; ce n'est peut-être pas là qu'il y a le
moins d'observations utiles à recueillir.

CONCLUSIONS

237. Généralités. — De l'ensemble des faits que nous avons amassés et cherché à disposer dans un ordre aussi méthodique que possible, il y aurait à tirer une foule d'enseignements.

Nous laissons ce soin à de plus experts. Nous nous permettrons seulement de signaler à l'attention du lecteur les deux points capitaux qui dominent les impressions recueillies au cours de notre visite à l'Exposition d'Édimbourg.

238. La disette du bois d'œuvre. — Le premier, c'est que la disette du bois d'œuvre reste une des grosses menaces de l'avenir. Le cri d'alarme poussé naguère par notre maître M. Broilliard[1], n'a pas cessé d'être justifié.

Dans tous les pays où les forêts sont abandonnées aux populations, elles disparaissent rapidement, et là où il a été pris à leur égard des mesures de conservation, là où des services techniques ont été organisés, la production suffit, tout au plus, à la consommation locale. D'autre part, le fer ne détrône pas le bois d'œuvre ; au contraire, plus une nation emploie le premier, plus aussi elle a besoin du second. C'est un fait que l'on constate partout. Il faut donc, en ce qui nous concerne, nous Français dont l'industrie réclame de si grandes quantités de ces deux matières, que nous nous adonnions sans relâche à l'éducation des futaies, afin que la France ne soit pas prise au dépourvu le jour où l'importation étrangère ne sera plus,

---

1. *La Disette du bois d'œuvre. De la Réserve des chênes d'avenir.* (*Revue des Deux-Mondes,* 15 septembre 1871.)
Les Massifs de sapin et la disette du bois d'œuvre. (*Ibid.,* 15 avril 1876.)

comme actuellement, en mesure de nous fournir à profusion le complément de bois d'industrie nécessaire à nos besoins [1].

239. Le mouvement scientifique à l'étranger. — Le second point que nous désirons faire ressortir c'est que, autour de nous, tous les peuples civilisés travaillent et progressent dans le domaine de la sylviculture comme dans les autres champs ouverts à leur activité. Partout on étudie, on expérimente, on vérifie, on discute. Ici l'on conserve les anciennes méthodes en les perfectionnant, là on les abandonne pour en appliquer de nouvelles. Dans tel pays on crée l'enseignement forestier, dans tel autre on met à sa disposition plus de temps, plus d'argent, plus d'éléments de succès. Il importe donc que nous aussi, forestiers de France, nous travaillions et progressions, si nous ne voulons pas perdre le rang où nous ont portés nos devanciers. Quelque précieux que soit l'héritage scientifique qu'ils nous ont légué, nous devons mieux faire que de le conserver intact : il faut examiner s'il ne présente pas encore des parties défectueuses qui demanderaient à être améliorées par des observations et des expériences ; il faut, là où il est trop borné, l'étendre par des conquêtes sur l'inconnu. Et agir ainsi, ce ne sera pas manquer de respect à des maîtres vénérés ; ce sera faire ce qu'ils ont déjà fait quelquefois à l'égard de leurs maîtres à eux, ce qu'ils continueraient à faire peut-être avec plus de hardiesse s'ils vivaient encore parmi nous. Chercher la vérité comme ils l'ont cherchée, fût-ce par des voies nouvelles et dans d'autres directions, c'est encore le meilleur moyen de les honorer.

---

1. D'après les calculs dont l'initiative revient à M. Broilliard, on peut estimer que l'excédent annuel moyen de nos importations sur nos exportations en bois d'œuvre, pendant la période 1873-1882, représente un volume en grume de 3,000,000 mètres cubes. D'autre part, il est probable que la production de la France en bois d'œuvre de grosseur comparable à celles que l'on importe, c'est-à-dire en bois provenant d'arbres d'au moins 0^{m},30 de diamètre, n'atteint pas, actuellement, 4,000,000 de mètres cubes pour l'ensemble de la propriété boisée.

ANNEXES

CLASSIFICATION DES OBJETS EXPOSÉS.

Classe I. — Objets relatifs à l'exploitation des forêts.

Section 1. — Appareils et outils employés en sylviculture. Drains, clôtures, instruments de topographie, chaînes, dendromètres, etc.

— 2. — Modèles de huttes de bûcherons, de séchoirs, de fourneaux à charbon, de glissoirs, d'écluses, de ponts.

— 3. — Plans de travaux exécutés sur les cours d'eau en vue du flottage des bois de feu et des bois d'œuvre.

— 4. — Modèles de machines et de véhicules pour transporter le bois et transplanter les arbres.

— 5. — Scieries. — Machines de toute espèce pour débiter ou utiliser le bois; appareils pour fabriquer de la pâte à papier, en activité ou non.

— 6. — Clôtures de toute sorte, y compris les barrières.

Classe II. — Produits forestiers, bruts et fabriqués.

Section 1. — Collections d'échantillons de bois de service, d'industrie ou d'ornement:
       a) indigènes ou naturalisés;
       b) exotiques.

— 2. — Bois employés par l'armée, par ex., pour affûts de canons, etc.

— 3. — Bois employés pour l'établissement des chemins de fer, dans leur état naturel ou préparés.

— 4. — Pavés en bois.

— 5. — Merrains, tonneaux, barils, etc.

— 6. — Bois sculptés et tournés; outils avec lesquels on les travaille.

— 7. — Articles de vannerie.

— 8. — Objets de fantaisie comprenant les ouvrages de marqueterie, les bois teints ou colorés, les articles en chêne de tourbière, etc.

— 9. — Gravure sur bois, avec échantillon des essences propres à cet usage.

— 10. — Bambous, cannes, rotins; objets qu'ils servent à fabriquer.

Section 11. — Substances tannantes, écorces, extraits, etc.
—   12. — Matières tinctoriales, bois, racines, fleurs, etc.
—   13. — Écorces et liège.
—   14. — Fibres et tissus fibreux.
—   15. — Matières propres à la fabrication du papier.
—   16. — Gommes, résines et gommes élastiques.
—   17. — Huiles essentielles tirées du bois et vernis, y compris les laques.
—   18. — Drogues, épices, produits comestibles.
—   19. — Charbon de bois pour poudre à canon, amorces, etc.
—   20. — Tourbe et ses dérivés.
—   21. — Cônes, semences et fruits des arbres et arbustes.

Classe III. — Collections formées dans un but scientifique.

Section 1. — Échantillons de flores forestières.
—   2. — Préparations de bois en vue d'études micrographiques.
—   3. — Parasites: champignons et lichens nuisibles aux arbres.
—   4. — Champignons comestibles, dans leur état naturel ou conservés.
—   5. — Animaux nuisibles aux forêts.
—   6. — Entomologie forestière. Insectes utiles et nuisibles avec spécimens
         des dommages causés par ces derniers.
—   7. — Procédés employés pour la préservation des bois.
—   8. — Spécimens et diagrammes montrant les formations géologiques
         favorables à la croissance des arbres.
—   9. — Plantes fossiles. Échantillons des végétaux ligneux constitutifs
         de la houille.
— 10. — Arbres trouvés dans les tourbières, chênes, pins, etc.

Classe IV. — Plantes et produits forestiers
ayant un caractère ornemental.

Section 1. — Spécimens vivants d'arbres et d'arbustes rares ou ornementaux,
             en pots ou autrement.
—   2. — Ouvrages rustiques. Tonnelles, ponts, barrières, sièges, etc.
—   3. — Spécimens de plantes d'ornement desséchées.

Classe V. — Peintures et dessins
ayant trait aux forêts.

Section 1. — Peintures, photographies et dessins d'arbres remarquables ou
             historiques, de feuillages, de paysages.
—   2. — Dessins d'arbres représentés sur pied dans leur pays d'origine

ou d'après des sujets introduits récemment en Grande-Bretagne.

SECTION 3. — Images montrant les effets produits sur les arbres par la foudre,
des accidents météoriques, des parasites et des conditions
de végétation anormales.

— 4. — Croquis d'opérations diverses et de travaux pratiques exécutés
en forêt.

Classe VI. — Littérature et histoire forestières.

SECTION 1. — Rapports de directeurs d'écoles forestières ou de chefs d'administration. Recueils forestiers périodiques et autres publications. Manuels et almanachs. Traités de cubage et d'estimation
des bois. Flores forestières de différents pays. Ouvrages sur
la fixation des dunes. Histoires de forêts anciennes ou dis-
parues.

— 2. — *a*) Aménagements de forêts et de plantations ; estimations et
levés de domaines boisés, etc.

b) Cartes montrant la distribution d'essences forestières en latitude et en altitude.

c) Cartes indiquant la provenance des produits forestiers qui
forment des articles du commerce britannique.

d) Comptabilité et tenue de livres forestières.

Classe VII. — Mémoires et rapports
sur les questions mises au concours par le Comité.

Classe VIII. — Collections prêtées pour la durée de l'Exposition
(*Loan collections*).

Classe IX. — Conditions économiques des forestiers et des bûcherons.

Classe X. — Objets divers.

NOTA. — Les articles non spécifiés ci-dessus seront admis dans la présente
classe, avec l'agrément du Comité exécutif, s'ils répondent d'une façon générale
au but de l'Exposition.

ANNEXE II.

QUESTIONS FORESTIÈRES

MISES AU CONCOURS PAR LE COMITÉ.

(Il avait été recommandé aux concurrents de fournir des rapports ou mémoires concis et rédigés dans un esprit pratique. Des récompenses, consistant en diplômes, médailles et primes en argent, ont été décernées aux auteurs des travaux les plus remarquables.)

1. — Installation et entretien des pépinières forestières.

2. — Création et entretien de plantations exécutées dans différentes situations, à diverses altitudes et expositions.

3. — Sources présentes et futures où la Grande-Bretagne pourra puiser la quantité de bois d'œuvre nécessaire à ses besoins, avec des relevés statistiques relatifs aux différentes sortes de bois d'œuvre importées pendant les vingt-cinq dernières années.

4. — Rapport, accompagné d'échantillons, indiquant quelle serait l'espèce de bois dur qui pourrait remplacer le buis pour la gravure sur bois.

5. — Boisement des montagnes et autres terrains vagues, avec détails sur la méthode adoptée et les résultats obtenus. (Ce travail devra être accompagné de dessins, photographies ou modèles.)

6. — Influence des forêts sur l'humidité du sol et du climat, d'après des observations faites personnellement par l'auteur dans n'importe quelle contrée ou localité.

7. — Traitement des taillis et utilisation des branchages et autres rémanents des exploitations forestières, au point de vue de la diminution des déchets.

8. — Végétation et traitement des plantations d'eucalyptus et usages économiques de leurs produits.

9. — Meilleure méthode pour empêcher l'érosion des berges des rivières (avec figures).

10. — Avantages comparatifs des différents procédés employés pour produire et récolter l'écorce de quinquina (avec spécimens).

11. — Ravages des insectes qui attaquent les arbres sur pied et le bois abattu (avec spécimens et figures).

12. — Dégâts des mollusques et autres animaux qui détruisent les bois de marine (à l'exclusion des insectes).

13. — Action destructive exercée sur le bois par les champignons et autres parasites végétaux.

14. — *a*) Meilleure méthode pour maintenir à son niveau actuel l'offre en bois de teak, au point de vue du prix, des dimensions et de la qualité; — *b*) Meilleur succédané du bois de teak pour la construction des navires. — (Un prix spécial de 50 livres a été offert pour cette question par l'Association des constructeurs de navires de Glasgow.)

15. — Utilisation des produits forestiers dans la fabrication du papier.

16. — Culture des arbres au bord des rivières et des lacs en Écosse, au point de vue de la préservation des berges et de la conservation du poisson. (Un prix spécial de 10 guinées a été offert par J. B. Duncan, esq. W. S.)

17. — Préparation et usage de la pulpe (pâte) de bois. (Un prix spécial de 20 livres a été offert par l'Association des fabricants de papier écossais.)

FORÊT DE DEAN. — GLOUCESTERSHIRE.

OBSERVATIONS SUR LA CROISSANCE DE CHÊNES PLANTÉS

DE MAIN D'HOMME

Relevés effectués pendant un siècle.

L'expérience dont les résultats sont donnés ci-dessous a été commencée et poursuivie dans le but de montrer l'effet produit sur la croissance des chênes suivant que :

a) on les transplante à un âge assez jeune ;

b) on leur fait subir cette opération à un âge plus avancé ;

c) on les laisse croître à l'endroit où on les a semés à l'origine.

Vers 1784, un petit terrain de quelques acres, situé près de Speech House, a été ensemencé avec des glands. Dans les années 1798-1800, quelques-uns des chênes obtenus ont été transplantés en pleine forêt ; leurs tiges furent simplement entourées d'épines pour être mises à l'abri des bestiaux ; dans la période 1806-1812, d'autres sujets ont été transplantés également et ont servi avec les premiers à repeupler environ 48 hectares ; enfin les chênes restants ont été laissés dans la pépinière où ils avaient levé. Tous ces arbres ont d'ailleurs été élevés en massif clair suivant les errements adoptés en Grande-Bretagne. Quelques-uns des chênes transplantés en 1800 et en 1807, puis aussi un certain nombre de ceux qui n'avaient pas été déplacés furent marqués soigneusement et mesurés dans l'année 1809 ; depuis cette époque, ils ont été remesurés périodiquement, et l'accroissement de chaque arbre a été noté dans un registre dont le tableau suivant est extrait.

Les vues que l'expérience devait vérifier sont exposées dans deux rapports, en date du 4 juin 1812 et du 18 mars 1816, rédigés par les commissaires des bois, forêts et revenus domaniaux de S. M. britannique.

Ces fonctionnaires se trouvaient en présence de l'opinion que les chênes transplantés à un âge quelconque ont une moins bonne croissance que ceux qui vieillissent à l'endroit même où ils ont été semés, et l'un des motifs qui tendaient le plus à accréditer cette manière de voir, était que la transplantation entraîne à peu près forcément une mutilation du pivot évidemment dommageable aux sujets déplacés.

Les commissaires royaux opposaient à cette énonciation les résultats de leurs propres observations, ainsi que l'avis de nombreux pépiniéristes, propriétaires de forêts et autres personnes compétentes qui déclaraient que le pivot dû au développement de la radicelle de l'embryon n'a d'importance que dans les premières années de la vie du plant, et que plus tard il disparaît pour être remplacé par une foule d'autres pivots partant des racines latérales.

Mais, au lieu de se prononcer immédiatement, les auteurs des rapports, animés du véritable esprit scientifique, proposent de soumettre la question à des recherches méthodiques, indiquent la façon dont ils ont procédé à leur expérience et rendent compte des premières données qu'elle a fournies. Ils constatent d'ailleurs déjà, dans le rapport de 1812, que, sur 12 sujets mesurés le 14 septembre 1809, les trois qui avaient été transplantés en 1798 avaient le plus grossi, puis venaient les trois qu'on avait transplantés en 1807, enfin ceux qu'on n'avait pas déplacés du tout.

Aux personnes qui objecteraient que la transplantation de chênes âgés de plus de vingt ans, d'une hauteur de 8 à 9 mètres et d'un diamètre proportionné ne pourra jamais être exécutée sur une vaste échelle et que, par conséquent, l'expérience entreprise n'a pas d'utilité pratique, les commissaires répondent qu'ils connaissent des forêts, notamment des taillis, où l'on ne peut songer à élever de grands arbres qu'en opérant de cette façon (sans doute à cause de l'usage qui règne en Grande-Bretagne de faire pâturer les bestiaux dans tous les terrains boisés).

Enfin, relevons en passant, dans le rapport du 4 juin 1812, une mention qui prouve que, dès cette époque, on pratiquait en Angleterre, dans les sols humides, la *plantation en buttes*, dont on attribue en général l'invention à feu le baron de Manteuffel, grand-maître des forêts de Saxe.

Maintenant, si la question de la transplantation des chênes de haute tige préoccupe à bon droit les forestiers anglais, elle est, pour nous autres Français, d'une importance tout à fait secondaire, et ce qui nous intéresse, dans l'expérience poursuivie à Dean Forest avec tant d'esprit de suite, c'est la façon dont se comportent les chênes crus depuis leur première jeunesse en massif clair. Voilà pourquoi nous reproduisons ci-après le tableau dressé par les soins de Sir J. Campbell. Il est suffisamment clair pour se passer d'autres explications ; nous nous sommes contenté de transformer en mesures métriques les dimensions données en pied et pouces sur l'original ; de calculer, en outre, l'accroissement total et l'accroissement *annuel* moyen de chaque arbre d'expérience ; enfin d'ajouter une colonne qui met en relief l'accroissement ʙɪsᴀɴɴᴜᴇʟ moyen de tous les arbres d'expérience indistinctement. On constate, à l'examen de cette dernière colonne, que l'accroissement correspondant à deux années (1827 et 1828) paraît présenter ce que M. de Seckendorff appellerait une *couche large caractéristique*, de même que l'accroissement qui se rapporte aux quatre années 1851 à 1854, par exemple, semble dû à des *couches étroites caractéristiques* [1].

---

1. Voir à ce sujet, l'ouvrage de M. de Seckendorff intitulé : *Beitræge sur Kenntniss der Schwarzfœhre,* 1re partie, Vienne 1881, in-4o. Carl Gerold's Sohn. — Voir également l'*Étude sur l'expérimentation forestière en Allemagne et en Autriche* (Paris, Berger-Levrault et Cie, 1884), de MM. Reuss et Bartet.

RELEVÉ DES MENSURATIONS FAITES SUR DES CHÊNES

CRUS PRÈS DE SPEECH-HOUSE, DANS LA FORÊT DE DEAN
AVEC INDICATION DE L'ACCROISSEMENT PRIS PAR LEUR CIRCONFÉRENCE AUX DIFFÉRENTES ÉPOQUES MENTIONNÉES CI-DESSOUS.

N. B. — L'emplacement, dit Acorn Patch, où ces chênes sont nés, fut entreillagé en 1800, et ils forment aujourd'hui, avec d'autres, une rangée bordant la gauche de la route et ensemencé de glands vers 1784. Les arbres marqués A, B, C, en furent enlevés qui conduit de Speech House à Newnham. — Les arbres désignés par les lettres D, E, F, ont été extraits d'Acorn Patch en 1809 et se trouvent actuellement entre Speech House et Acorn Patch, près de l'angle de la clôture de Speech House. — Les arbres marqués G, H, I, K, L, M et X, sont restés dans Acorn Patch et n'ont pas été transplantés. — Le chêne désigné par N a été planté en 1807, à l'angle Est de l'enclave de Speech House.

En mai 1825, G, H, K, furent compris dans une éclaircie et abattus.

En mai 1827, on fit tomber dans une éclaircie, à l'Est de Speech-House, 19 sujets, parmi lesquels C. — On abattit également, en 1827, le chêne I, qui était endommagé.

Vers 1840, on supprima E, dont la tête était morte.

Les circonférences sont prises à 6 pieds = 1m,83 du sol, excepté pour I et N qui ont été mesurés à 5 pieds 1/2 = 1m,68.

DATES	A Circonf.	A Accroiss.	B Circonf.	B Accroiss.	C Circonf.	C Accroiss.	D Circonf.	D Accroiss.	E Circonf.	E Accroiss.	F Circonf.	F Accroiss.	G Circonf.	G Accroiss.
1809, 14 septembre	0,19	—	0,20	—	0,22	—	0,18	—	0,15	—	0,15	—	0,50	—
1810, 26 août	0,23	0,04	0,24	0,04	0,24	0,02	0,18	0,00	0,14	0,05	0,16	0,01	0,53	0,02
1812, 15 août	0,30	0,07	0,29	0,05	0,29	0,05	0,22	0,03	0,22	0,01	0,21	0,04	0,44	0,06
1814, 5 octobre	0,37	0,07	0,36	0,07	0,36	0,07	0,26	0,06	0,26	0,01	0,24	0,04	0,48	0,05
1816, 23 octobre	0,45	0,08	0,43	0,07	0,42	0,06	0,31	0,06	0,31	0,05	0,30	0,06	0,51	0,02
1818, 20 octobre	0,51	0,05	0,48	0,05	0,48	0,06	0,41	0,07	0,37	0,06	0,35	0,04	0,56	0,05
1820, 30 octobre	0,61	0,10	0,57	0,09	0,56	0,08	0,48	0,07	0,41	0,04	0,41	0,07	0,61	0,05
1822, 2 octobre	0,67	0,06	0,64	0,07	0,64	0,06	0,55	0,07	0,46	0,03	0,49	0,06	0,67	0,06
1824, 20 octobre	0,75	0,08	0,73	0,09	0,72	0,08	0,64	0,05	0,53	0,07	0,56	0,07	»	»
1826, 1er novembre	0,82	0,07	0,79	0,06	0,77	0,05	0,70	0,06	0,57	0,04	0,63	0,07	»	»
1828, 10 octobre	0,93	0,11	0,91	0,12	»	»	0,81	0,11	0,65	0,08	0,74	0,17	»	»
1830, 27 octobre	1,03	0,10	1,03	0,12	»	»	0,91	0,10	0,69	0,04	0,83	0,01	»	»
1832, 2 novembre	1,10	0,07	1,12	0,09	»	»	0,94	0,03	0,72	0,03	0,89	0,06	»	»
1834, 30 septembre	1,17	0,07	1,18	0,07	»	»	0,97	0,03	0,73	0,01	0,94	0,05	»	»
1836, 28 septembre	1,24	0,07	1,26	0,07	»	»	1,00	0,03	0,74	0,01	0,98	0,04	»	»
1838, 4 octobre	1,31	0,07	1,33	0,07	»	»	1,05	0,05	0,79	0,05	1,03	0,05	»	»
1840, 3 octobre	1,35	0,04	1,38	0,05	»	»	1,08	0,03	0,79	0,00	1,06	0,03	»	»
1842, 13 octobre	1,40	0,05	1,42	0,04	»	»	1,10	0,02	»	»	1,10	0,04	»	»
1844, 1er octobre	1,49	0,09	1,47	0,05	»	»	1,14	0,04	»	»	1,17	0,07	»	»
1846, 9 septembre	1,54	0,05	1,54	0,07	»	»	1,21	0,07	»	»	1,26	0,09	»	»
1848, 18 septembre	1,61	0,07	1,59	0,05	»	»	1,26	0,05	»	»	1,33	0,07	»	»
1850, 7 septembre	1,63	0,02	1,61	0,02	»	»	1,28	0,02	»	»	1,38	0,05	»	»
1852, 30 septembre	1,64	0,01	1,63	0,02	»	»	1,30	0,02	»	»	1,44	0,04	»	»
1854, 2 novembre	1,69	0,05	1,66	0,03	»	»	1,35	0,05	»	»	1,45	0,05	»	»
1856, 20 octobre	1,71	0,02	1,68	0,02	»	»	1,37	0,02	»	»	1,52	0,07	»	»
1858, 9 septembre	1,77	0,06	1,72	0,04	»	»	1,42	0,05	»	»	1,57	0,05	»	»
1860, 22 octobre	1,81	0,04	1,76	0,04	»	»	1,45	0,03	»	»	1,62	0,05	»	»
1862, 7 novembre	1,83	0,02	1,78	0,02	»	»	1,47	0,02	»	»	1,65	0,03	»	»
1864, 22 septembre	1,87	0,04	1,80	0,02	»	»	1,51	0,04	»	»	1,72	0,07	»	»
1866, 26 septembre	1,92	0,05	1,84	0,04	»	»	1,56	0,05	»	»	1,79	0,07	»	»
1868, 24 octobre	1,95	0,03	1,87	0,03	»	»	1,60	0,04	»	»	1,86	0,07	»	»
1870, 11 octobre	1,98	0,03	1,90	0,03	»	»	1,64	0,04	»	»	1,91	0,05	»	»
1872, 12 octobre	2,04	0,06	1,95	0,04	»	»	1,67	0,03	»	»	2,01	0,10	»	»
1874, 14 octobre	2,06	0,02	1,98	0,01	»	»	1,69	0,02	»	»	2,11	0,07	»	»
1876, 14 octobre	2,10	0,04	1,97	0,04	»	»	1,73	0,04	»	»	2,17	0,06	»	»
1878, 14 octobre	2,14	0,04	2,00	0,03	»	»	1,76	0,03	»	»	2,23	0,06	»	»
1880, 14 octobre	2,17	0,03	2,02	0,02	»	»	1,80	0,04	»	»	2,27	0,04	»	»
1882, 17 octobre	2,21	0,04	2,05	0,03	»	»	1,83	0,03	»	»	2,34	0,05	»	»
Accroissement total		2,02		1,65		0,55		1,65		0,61		2,17		0,31
Accrois. annuel moyen		0,03		0,03		0,03		0,02		0,02		0,03		0,02

DATES	H Circonf.	H Accroiss.	I Circonf.	I Accroiss.	K Circonf.	K Accroiss.	L Circonf.	L Accroiss.	M Circonf.	M Accroiss.	N Circonf.	N Accroiss.	X Circonf.	X Accroiss.	ACCROISSEMENT biennal de l'arbre moyen
1809, 14 septembre	0,33	—	0,30	—	0,44	—	0,30	—	0,40	—	—	—	—	—	—
1810, 26 août	0,35	0,02	0,30	0,00	0,46	0,02	0,32	0,02	0,40	0,00	—	—	—	—	—
1812, 15 août	0,37	0,02	0,32	0,02	0,51	0,05	0,35	0,03	0,43	0,03	—	—	—	—	0,04
1814, 5 octobre	0,41	0,04	0,36	0,04	0,55	0,04	0,40	0,05	0,47	0,04	0,33	—	0,62	—	0,05
1816, 23 octobre	0,43	0,02	0,37	0,01	0,58	0,03	0,43	0,03	0,52	0,05	0,41	0,08	0,70	0,08	0,05
1818, 20 octobre	0,46	0,03	0,39	0,02	0,61	0,03	0,47	0,04	0,54	0,02	0,47	0,06	0,73	0,03	0,04
1820, 30 octobre	0,50	0,04	0,42	0,03	0,63	0,02	0,51	0,04	0,57	0,03	0,50	0,12	0,77	0,04	0,04
1822, 2 octobre	0,54	0,04	0,43	0,01	0,66	0,05	0,53	0,02	0,60	0,02	0,58	0,09	0,79	0,02	0,05
1824, 20 octobre	»	»	0,45	0,02	»	»	0,57	0,04	0,64	0,01	0,77	0,09	0,82	0,03	0,06
1826, 1er novembre	»	»	»	»	»	»	0,58	0,01	0,68	0,03	0,83	0,06	0,86	0,04	0,05
1828, 10 octobre	»	»	»	»	»	»	0,65	0,07	0,68	0,05	0,96	0,13	0,91	0,05	0,09
1830, 27 octobre	»	»	»	»	»	»	0,67	0,02	0,71	0,06	1,03	0,07	0,95	0,10	0,07
1832, 2 novembre	»	»	»	»	»	»	0,69	0,02	0,76	0,02	1,13	0,10	0,96	0,01	0,05
1834, 30 septembre	»	»	»	»	»	»	0,72	0,03	0,76	0,00	1,19	0,06	0,99	0,03	0,04
1836, 28 septembre	»	»	»	»	»	»	0,76	0,04	0,78	0,03	1,24	0,05	1,05	0,06	0,04
1838, 4 octobre	»	»	»	»	»	»	0,81	0,05	0,81	0,02	1,31	0,07	1,07	0,02	0,03
1840, 3 octobre	»	»	»	»	»	»	0,83	0,02	0,81	0,00	1,33	0,02	1,08	0,01	0,02
1842, 13 octobre	»	»	»	»	»	»	0,84	0,01	0,84	0,03	1,38	0,05	1,09	0,01	0,03
1844, 1er octobre	»	»	»	»	»	»	0,89	0,05	0,88	0,04	1,45	0,07	1,13	0,04	0,06
1846, 9 septembre	»	»	»	»	»	»	0,93	0,04	0,93	0,05	1,54	0,09	1,17	0,04	0,06
1848, 18 septembre	»	»	»	»	»	»	0,96	0,03	0,96	0,03	1,60	0,06	1,21	0,04	0,05
1850, 7 septembre	»	»	»	»	»	»	0,99	0,03	0,97	0,01	1,63	0,03	1,22	0,01	0,04
1852, 30 septembre	»	»	»	»	»	»	1,02	0,03	1,00	0,03	1,64	0,01	1,23	0,01	0,04
1854, 2 novembre	»	»	»	»	»	»	1,06	0,04	1,06	0,06	1,70	0,06	1,29	0,06	0,05
1856, 20 octobre	»	»	»	»	»	»	1,12	0,06	1,07	0,01	1,73	0,03	1,30	0,01	0,03
1858, 9 septembre	»	»	»	»	»	»	1,14	0,02	1,08	0,01	1,79	0,06	1,37	0,07	0,04
1860, 22 octobre	»	»	»	»	»	»	1,14	0,00	1,09	0,01	1,82	0,03	1,38	0,01	0,03
1862, 7 novembre	»	»	»	»	»	»	1,17	0,03	1,10	0,01	1,85	0,07	1,40	0,02	0,02
1864, 22 septembre	»	»	»	»	»	»	1,18	0,01	1,12	0,02	1,87	0,04	1,42	0,02	0,03
1866, 26 septembre	»	»	»	»	»	»	1,19	0,01	1,14	0,02	1,89	0,02	1,44	0,02	0,03
1868, 24 octobre	»	»	»	»	»	»	1,22	0,03	1,16	0,03	1,92	0,03	1,45	0,01	0,03
1870, 11 octobre	»	»	»	»	»	»	1,23	0,01	1,17	0,01	1,95	0,03	1,47	0,02	0,03
1872, 12 octobre	»	»	»	»	»	»	1,25	0,02	1,18	0,01	1,98	0,03	1,48	0,07	0,03
1874, 14 octobre	»	»	»	»	»	»	1,26	0,01	1,19	0,01	1,99	0,01	1,50	0,02	0,03
1876, 14 octobre	»	»	»	»	»	»	1,29	0,03	1,21	0,02	2,02	0,03	1,51	0,01	0,03
1878, 14 octobre	»	»	»	»	»	»	1,30	0,01	1,22	0,01	2,04	0,02	1,52	0,01	0,03
1880, 14 octobre	»	»	»	»	»	»	1,32	0,02	1,23	0,01	2,06	0,02	1,54	0,02	0,02
1882, 17 octobre	»	»	»	»	»	»	1,31	0,02	1,24	0,01	2,07	0,01	1,56	0,02	0,03
Accroissement total		0,21		0,15		0,22		1,04		0,84		1,74		0,94	
Accrois. annuel moyen		0,02		0,01		0,02		0,01		0,01		0,03		0,01	

LISTE DES OUVRAGES DE SYLVICULTURE

DE M. LE RÉVÉREND JOHN CROUMBIE BROWN

N. B. — On peut se les procurer en adressant à l'auteur, à Haddington (Écosse), un mandat-poste d'une valeur correspondant au prix de vente.

1° *Introduction à l'étude de l'économie forestière moderne* [1]. — L'auteur signale la disparition rapide des forêts d'Europe et insiste sur la nécessité de prévenir la disette de bois d'œuvre par une exploitation raisonnée et des aménagements bien conduits.

2° *Les Forêts d'Angleterre et leur exploitation dans le passé* [2]. — M. Brown décrit les anciennes forêts, donne des détails sur le traitement destructeur auquel elles ont été soumises et mentionne les documents législatifs et littéraires antérieurs à ce siècle qui les concernent.

3° *L'Ordonnance française des Eaux et Forêts de 1669, avec une esquisse historique du traitement des forêts en France avant cette époque* [3]. — L'auteur considère avec raison la célèbre ordonnance de Louis XIV comme un des monuments les plus importants de la législation forestière; il regarde même les dispositions qu'elle renferme au sujet du traitement des bois comme le point de départ de toutes les méthodes modernes. Il fait suivre la traduction de ce document de notices sur le jardinage et sur ce qu'il appelle la *méthode à tire et aire* et la *méthode des compartiments.* Cet ouvrage a déjà été mentionné dans le bulletin bibliographique de la *Revue des Eaux et Forêts,* numéro de juillet 1883.

4° *Les Forêts de la Norwège* [4]. — Après avoir dépeint à grands traits la contrée, M. Brown indique la distribution géographique des essences forestières et discute les causes qui l'ont déterminée (chaleur, humidité, sol et exposition). Puis il donne des renseignements sur le mode d'exploitation des forêts,

---

1. *Introduction to the Study of Modern Forest Economy.* — Edinburgh, Oliver and Boyd. Prix : 5 shellings.

2. *The Forests of England, and the Management of them in Bye-gone Times.* — Ibid. Prix : 6 shell.

3. *French Forest Ordinance of 1669, with historical Sketch of previous Treatment of forests in France. Ibid.* Prix : 4 shellings.

4. *Forestry of Norway. Ibid.* Prix : 5 shellings.

le transport des bois, le commerce d'exportation, l'enseignement de la sylviculture, la gestion des forêts, la construction des navires, etc.

5° *La Finlande. Ses forêts et leur exploitation* [1]. — Ce volume donne des renseignements sur la constitution géologique et topographique, la flore, la faune et le climat de la Finlande. En ce qui concerne l'économie forestière, il expose les avantages et les désavantages du *svedjande*, c'est-à-dire du sartage suédois qu'on retrouve dans l'Inde sous le nom de *koomaree*; il continue par des détails relatifs au développement de la sylviculture rationnelle dans ce pays, à l'enseignement forestier, à la législation et à la littérature. Ce volume a également été analysé dans la *Revue des Eaux et Forêts*, numéro de janvier 1884.

6° *Forêts de la Russie septentrionale et leur traitement* [2]. — On y trouve une description des forêts des gouvernements d'Olonetz et d'Archangel, notamment de celles de la Laponie, du pays des Samoyèdes et de la Nouvelle-Zemble. L'auteur attribue de grands inconvénients au jardinage tel qu'il est pratiqué dans ces pays.

7° *Les Plantations de pins dans les terrains sablonneux de la France* [3]. — En tête de l'ouvrage est placé un tableau des landes de Gascogne et de la Sologne avant et après le reboisement, puis sont énumérés les actes législatifs et les documents littéraires relatifs à ces régions. Le volume se termine par des renseignements détaillés sur la culture du pin maritime et du pin sylvestre.

Il appert de la préface que cette publication a été faite en vue d'éclairer l'opinion publique au cap de Bonne-Espérance sur l'utilité de travaux semblables à exécuter dans cette colonie.

8° *Le Reboisement en France* ou *Indication des moyens employés dans les Alpes, les Cévennes et les Pyrénées pour prévenir les ravages des torrents, et consistant à garnir leurs versants de gazon, d'arbustes ou d'arbres* [4]. — C'est un résumé des études de M. Surell sur les torrents des Alpes et des autres ouvrages publiés en France sur ce sujet. M. Brown l'a également publié à l'adresse des habitants du Cap et de leur gouvernement. Grâce aux facilités que lui a données M. Faré, alors directeur général des forêts, il a pu disposer de toutes les sources d'information nécessaires et se rendre compte *de visu* du mode d'exécution des travaux; il a si bien tiré parti de ces circonstances que MM. Surell et Cézanne lui ont adressé des lettres de félicitations pour la manière dont il a retracé la grande œuvre dont ils ont été les promoteurs.

9° *Hydrologie de l'Afrique du Sud* [5]. — Cet ouvrage poursuit le même

---

1. *Finland: its Forests and Forest Management. Ibid.* Prix: 6 shell. 6 pence.
2. *Forest Lands and Forestry of Northern Russia. Ibid.* Prix: 6 shell. 6 pence.
3. *Pine Plantations on Sand Wastes in France. Ibid.* Prix: 7 shellings.
4. *Reboisement en France; or, Records of the Replanting of the Alps, etc. Ibid.* Prix: 12 shell.
5. *Hydrology of South Africa; or Détails, etc. Ibid.* Prix: 10 shellings.

but que le précédent en montrant que le seul remède à la sécheresse qui désole l'Afrique australe réside dans le reboisement et le gazonnement.

M. Clavé a parlé avec éloge de ce traité dans la *Revue des Deux-Mondes,* livraison du 1er mai 1882.

10° *Quantité d'eau nécessaire aux besoins des populations de l'Afrique du Sud et moyens de la conserver*[1]. — Ouvrage d'un intérêt plus restreint que les précédents pour le public français.

11° *Les Forêts et l'humidité*[2]. — La relation réciproque qui existe entre la distribution des forêts dans une contrée et la façon dont s'y répartissent les pluies y est étudiée d'une façon toute spéciale.

---

1. *Water Supply of South Africa, and Facilities for the Storage of it. Ibid.* Prix : 18 sh. 6 d.
2. *Forests and Moisture ; or Effects of Forests on Humidity of Climate. Ibid.* Prix : 10 shellings.

DISTRICT DE NILAMBUR.

CROISSANCE DE SUJETS D'ESSENCE TEAK PLANTÉS DE MAIN D'HOMME.

(Mensurations faites par M. G. Hadfield, aide-conservateur des forêts à Nilambur, qui a envoyé à l'Exposition un tronçon de la tige de chacun des sujets mesurés.)

Nos D'ORDRE.	DATE de la plantation.	NATURE des terrains.	LONGUEUR totale.	CIRCONFÉRENCE de base.	OBSERVATIONS.
			m	m.	
1	1844	Alluvions modernes.	30,48	2,36	Le Teak (*Tectona grandis*) est un grand arbre à feuilles caduques qu'on rencontre à l'état spontané dans l'Inde centrale et méridionale et en Birmanie. Son bois ne se crevasse, ne se gondole ni ne se rétrécit et ne change pas de forme une fois qu'il s'est complètement desséché à l'air libre; il ne s'altère pas au contact du fer et n'est jamais ou n'est que rarement attaqué par les fourmis blanches. Sa durée est probablement due à l'huile aromatique contenue dans ses tissus. Il se travaille facilement et prend un bon poli. C'est le bois d'œuvre le plus précieux de l'Inde et de la Birmanie. On l'exporte en grande quantité pour la construction des navires et des wagons de chemin de fer. Dans l'Inde, on l'emploie de toutes les façons, dans la structure des édifices, des navires, des ponts, pour la fabrication des traverses de chemin de fer, des meubles, etc.
2	1845	»	29,87	1,78	
3	1846	»	30,17	1,83	
4	1847	»	31,41	2,54	
5	1848	»	29,87	1,73	
6	1849	»	29,26	1,68	
7	1850	Quartz et latérite.	27,74	1,68	
8	1851	»	28,04	1,63	
9	1852	Latérite.	27,13	1,65	
10	1853	»	26,52	1,60	
11	1854	Alluvions.	29,26	1,70	
12	1855	»	21,64	1,37	
13	1856	»	24,99	1,45	
14	1857	Latérite.	26,21	1,27	
15	1858	Alluvions.	20,42	1,73	
16	1859	»	25,30	1,37	
17	1860	»	25,60	1,47	
18	1861	»	23,77	1,47	
19	1862	»	23,47	1,29	
20	1863	»	25,91	1,57	
21	1864	»	23,77	1,52	
22	1865	»	21,94	1,14	
23	1866	»	23,77	1,47	
24	1867	»	21,34	1,27	
25	1868	»	24,99	1,22	
26	1869	»	22,86	1,02	
27	1870	»	19,81	1,19	
28	1871	»	21,94	1,14	
29	1872	»	20,73	0,91	
30	1873	»	18,29	0,79	
31	1874	»	17,07	0,58	
32	1875	»	9,75	0,66	
33	1876	»	10,06	0,56	

PROCÉDÉ EMPLOYÉ AU JAPON

PAR LES MARCHANDS DE BOIS DU LITTORAL POUR CONSERVER LES BOIS D'ŒUVRE.

A une distance de 2 à 3 kilomètres de la mer et près de l'embouchure d'un fleuve, on creuse un grand bassin, de telle sorte que la mer y ait libre accès. Ce bassin est appelé *kakoitori*, c'est-à-dire *dépôt de bois* (en anglais *timber store*). Son étendue n'est pas fixée invariablement, mais il couvre généralement de 4¹/₂ à 5 hectares. Le propriétaire établit son bureau tout auprès, de façon à pouvoir traiter ses affaires sans se déplacer.

Le pourtour du bassin est revêtu de pierres ou de bois, et on ouvre à un de ses côtés un canal pour communiquer avec le fleuve et, par suite, avec la mer. Les effets du flux et du reflux sont régularisés au moyen d'écluses. Le bassin ne doit pas avoir, au milieu, plus de 1^m,50 de profondeur d'eau à marée haute et, sur le bord, pas moins de 0^m,60 à marée basse.

La bonne proportion d'eau de mer et d'eau douce que l'on cherche à obtenir dans le bassin est : 6 parties de la première pour 4 de la seconde, car si l'eau de mer excède cette proportion, le bois noircit et risque d'être rongé par les vers ; si, au contraire, la proportion d'eau salée devient moindre, il se décompose beaucoup plus vite qu'autrement.

La vitesse avec laquelle le flot pénètre dans le bassin ou s'en retire demande aussi à être minutieusement réglée, car, si le courant est trop rapide ou trop lent, le bois risque de nouveau d'être endommagé par les vers. En conséquence, dans les endroits où il y a deux ou trois bassins voisins les uns des autres, leurs propriétaires respectifs les mettent généralement en communication au moyen de petits canaux, disposition qui régularise considérablement le mouvement de la marée.

Les bois à conserver sont ordinairement disposés en piles de cinq couches superposées : la couche inférieure est formée de bois de qualité moyenne ; la suivante, de bois de 1re classe ; celle qui vient immédiatement au-dessus, de nouveau de bois de qualité moyenne ; la suivante, de bois de 3e catégorie ; enfin, la couche supérieure, qui est souvent hors de l'eau, est composée de bois de toute dernière qualité : elle a pour but de maintenir constamment sous l'eau, par son poids, les quatre couches sous-jacentes. Les pièces de bois des cinq couches sont empilées les unes au-dessus des autres alternativement à angle droit. Quelquefois, cependant, la pile ne se compose que de deux ou trois couches ; dans ce cas, elles sont attachées à une grosse tronce (de 4 à 5 mètres de longueur et de 0^m,20 de diamètre) fixée auprès ; elles sont empêchées de la sorte de flotter librement dans le bassin. Quelquefois aussi, une ou deux pièces de chaque espèce de bois sont conservées isolément dans le bassin à titre d'échantillons.

La durée des bois dépend beaucoup des soins qu'on leur accorde, et, parmi ces soins, le lavage est le plus important. Aussi, deux fois par an, généralement en juin et en novembre, les piles sont défaites et chaque pièce est bien lavée au moyen d'un bouchon de paille. Les piles sont ensuite reconstituées, mais avec le changement suivant dans leur arrangement : les bois de qualité moyenne qui composaient auparavant la 3° couche forment maintenant la plus basse, et les bois de qualité moyenne qui précédemment se trouvaient tout à fait à la base, constituent maintenant la 3° couche. Si l'on ne peut pas opérer le lavage deux fois par an, il faut l'effectuer une fois au minimum.

Le tableau ci-après donne, dans la 1ʳᵉ colonne, le nom des différentes espèces de bois conservées ; dans la 2ᵉ colonne, le nombre d'années pendant lequel on peut les garder dans le bassin, et, dans la 3° colonne, le laps de temps au bout duquel elles conviennent le mieux à l'usage.

I.	II.	III.
Hinoki (*Thuya oblusa*)	8 ans.	après 3 ans.
Matsu ou Momi (*Abies firma*)	4 —	— 1,5 —
Sugi (*Cryptomeria japonica*)	5 —	— 2 —
Tsuga (*Tsuga Sieboldii*)	6 —	— 2 —
Hiba (*Thuya dolobrata*)	8 —	— 3 —
Sawara (*Thuya pisifera*)	8 —	— 3 —
Keyaki (*Zelkowa keaki*)	8 —	— 3 —
Kachi (?)	10 —	— 4 —

Les nombres d'années indiqués ci-dessus partent du jour de l'abatage, et le temps qui s'écoule avant que les bois arrivent au dépôt est compté pour un an. Un bassin de 5 hectares peut renfermer en moyenne 10,000 pièces de bois. Ces pièces sont de diverses longueurs, comme le montre le tableau suivant :

Longueur des pièces en *mètres* (¹/₂ ken)	Nombre de pièces de chaque longueur.
4	50 p. 100.
6	20 —
5	10 —
7	10 —
8	5 —
9	
10	5 —
12	
	100

Ainsi, une moitié de tout l'approvisionnement du bassin est formée de pièces de 4 mètres de long, un cinquième de pièces de 6 mètres, etc.

Ordinairement, deux ou trois hommes seulement sont employés au dépôt. Leur salaire journalier est de 35 à 45 *sen* (1ᶠ,50 à 2 fr.) ; mais, au moment des lavages, quinze hommes sont occupés journellement pendant environ deux semaines.

ANNEXE VII.

RÈGLEMENT

DE L'ÉCOLE IMPÉRIALE FORESTIÈRE DU JAPON, A TOKIO.

(Arrêté ministériel du 25 octobre 1882.)

ARTICLE PREMIER. — Le but de l'École est d'enseigner l'économie forestière, tant dans sa partie pratique que dans sa partie théorique.

ART. 2. — La durée totale des études sera de *cinq* ans.

ART. 3. — Les matières enseignées seront les suivantes :

Exercices militaires.

Algèbre.

Géométrie.

Tenue de livres.

Botanique générale.

Zoologie générale.

Physique.

Chimie.

Minéralogie.

Géologie.

Dessin.

Connaissance des sols (la *Bodenkunde* des Allemands).

Trigonométrie.

Géodésie.

Météorologie.

Analyse chimique.

Botanique forestière.

Zoologie forestière.

Maniement du microscope.

Statistique forestière.

Cubage des bois.

Repeuplements artificiels.

Protection et conservation des forêts.

Sylviculture.

Aménagement des forêts.

Estimation des forêts.

Administration des forêts domaniales.

Économie politique.

Législation forestière.

Économie générale (*sic*).

Construction de routes et de travaux d'art.

Pratique des opérations forestières.

Art. 4. — Tous les cours auront lieu en japonais.

Art. 5. — Il ne devra pas être consacré aux leçons plus de 8 heures par jour.

Art. 6. — L'année scolaire commencera le 11 septembre et se terminera le 10 juillet de l'année suivante.

Art. 7. — L'année scolaire sera partagée en un semestre d'hiver et en un semestre d'été. Le semestre d'hiver commencera le 11 septembre et se terminera le 20 février. Le semestre d'été commencera le 21 février et se terminera le 10 juillet.

Art. 8. — Les vacances du semestre d'hiver commenceront le 21 décembre et se termineront le 10 janvier suivant. Celles du semestre d'été commenceront le 11 juillet et se termineront le 10 septembre.

Art. 9. — Les dimanches et les jours de fête nationale, les classes et les cours seront suspendus.

Art. 10. — L'admission des élèves aura lieu au commencement de chaque année scolaire.

Art. 11. — Les jeunes gens qui désireront entrer à l'École devront formuler une demande écrite, conforme au modèle n° 1.

Art. 12. — Pour être admis à l'École, il leur faudra remplir les conditions ci-après :

1° Ils devront avoir un âge compris entre 18 et 25 ans. Ils devront, de plus, être, au point de vue militaire, dans une situation telle, qu'un an après leur admission, ils soient dispensés des appels de leur classe ;

2° Ils devront avoir une bonne santé et leur taille ne devra pas être de moins de 5 *chaku* ($1^m,52$) ;

3° Ils devront avoir une situation assez indépendante pour que, pendant leurs études, ils ne soient pas entravés par des affaires de famille ;

4° Ils devront être d'une moralité irréprochable et présenter deux répondants ;

5° Ils devront passer un examen sur les matières suivantes :

    a) Interprétation des classiques chinois ;

    b) Dictée en japonais et composition en japonais vulgaire ;

    c) Arithmétique et algèbre (jusqu'aux équations du second degré) ;

    d) Idée générale de l'économie forestière.

Art. 13. — Les candidats qui auront été admis à l'École prendront un engagement écrit conforme au modèle n° 2.

Art. 14. — Les répondants devront être des hommes âgés de plus de 20 ans et domiciliés à Tokio. Ils devront, de plus, posséder une terre ou une maison, ou être fonctionnaires du Gouvernement.

Art. 15. — A moins qu'ils n'y soient obligés par une circonstance de force majeure, les élèves ne pourront quitter l'École avant d'avoir passé l'examen définitif.

Art. 16. — Les élèves seront renvoyés dans les cas suivants :

1° S'ils sont paresseux ;

2° S'ils violent les règlements de l'École ou dérangent les autres élèves ;

3° S'ils ne passent pas avec succès deux examens semestriels consécutifs.

Art. 17. — Des examens auront lieu à l'expiration de chaque année scolaire.

Art. 18. — Les élèves absents au moment des examens seront, même s'ils ne négligent de passer que sur une seule matière, exclus de la division supérieure.

Art. 19. — Dans la notation des examens, le maximum sera de 100 points, et les élèves qui n'auront pas atteint 60 points, ne pourront passer dans une autre division.

Art. 20. — Chaque fois qu'un élève aura satisfait aux épreuves semestrielles, il recevra un certificat conforme au modèle n° 3, et ceux qui auront subi avec succès l'examen définitif, obtiendront un diplôme du modèle n° 4.

Art. 21. — Les élèves qui auront passé un examen semestriel avec la note *satisfaisant* seront récompensés par un prix.

Art. 22. — Les élèves qui auront passé un examen semestriel avec la note *très satisfaisant* seront instruits aux frais du Gouvernement.

Art. 23. — Si un sujet nommé *élève du Gouvernement* n'est pas capable de passer l'examen semestriel suivant avec la note *très satisfaisant*, il est déclaré déchu de sa qualité d'élève du Gouvernement.

Art. 24. — Tout élève du Gouvernement sera tenu, après l'obtention de son diplôme, de servir comme fonctionnaire du Gouvernement pendant le même nombre d'années et de mois qu'il aura été instruit aux frais de l'État.

N. B. — Celui qui remboursera *en une fois* toutes les dépenses faites par l'État pour son instruction sera affranchi de l'obligation imposée par le présent article 24.

Art. 25. — L'élève du Gouvernement qui se trouvera dans l'un des cas visés à l'article 16 sera tenu de rembourser *en une fois* toutes les dépenses faites par l'État pour son instruction.

Art. 26. — L'élève du Gouvernement qui, avec la permission de l'administration de l'École, jouira d'un congé dans son pays ou logera en dehors de l'École, ne sera pas payé tant qu'il sera absent de l'École ou n'y logera pas.

Art. 27. — A l'époque des excursions, tous les élèves, même ceux qui étudieront à leurs frais, pourront recevoir des indemnités du Gouvernement. Dans ce cas, ils seront traités comme les élèves du Gouvernement.

Art. 28. — Les élèves qui perdront ou endommageront les livres et autres objets faisant partie du mobilier de l'École, en paieront le prix.

Art. 29. — Les élèves malades devront acheter, à leurs frais, les médicaments qui leur auront été prescrits, mais ceux qui seront traités à l'infirmerie de l'École les recevront gratuitement.

N. B. — Les malades traités à l'infirmerie de l'École qui n'auraient pas recouvré la santé au bout de quinze jours pourront recevoir l'ordre de s'installer au dehors.

N. B. — *Les modèles de formules dont il est question dans le règlement ci-dessus n'étaient pas joints au texte.*

EXTRAIT

DE L'INVENTAIRE DU MATÉRIEL DE L'ÉCOLE IMPÉRIALE FORESTIÈRE DU JAPON, A TOKIO.

Les terrains occupés par l'école couvrent $2^h,10^a$.
Là-dessus sont affectés :

Aux exercices de repeuplement artificiel.	$1^h,05^a$
Aux repiquages	67
Aux spécimens d'essences	8
Aux bâtiments	5
Aux allées, à l'étang, etc.	25
Total	$2^h,10$

Il y a en outre 12 ares plus spécialement consacrés à des expériences.
Le catalogue de la bibliothèque fournit les relevés suivants :

Ouvrages allemands.	290	comprenant	353	tomes.
— anglais	136	—	164	—
— français.	83	—	86	—
— japonais	27	—	178	—
— chinois.	3	—	68	—
— divers	81	—	109	—
Totaux	620		958	

Cartes, dessins, etc. . . . . 688 pièces.

L'inventaire des collections se récapitule comme il suit :

1° *Appareils, instruments, outils, etc.*

Relatifs à la sylviculture . . .	160	modèles différents, soit	167	articles.
— à la chimie	138	—	2,538	—
— à la physique.	185	—	271	—
— à la botanique et à la zoologie.	43	—	1,199	—
— à la géodésie.	14	—	404	—
— au dessin	3	—	4	—
— aux mathématiques . .	2	—	2	—
— aux semis et plantations	33	—	814	—
		Total.	5,399	

2° Échantillons, modèles, etc.

Tableaux pendus aux murs	242	numéros.
Modèles en relief	5	—
Échantillons de minéraux	382	—
Sortes d'échantillons de bois. { du Japon	47	—
{ des pays étrangers . .	5	—
Spécimens de bois endommagés par les insectes . . .	10	—
Échantillons de botanique	300	—
— de zoologie	1,250	—
Plantes desséchées	750	—
Graines . . . . . . { indigènes	555	—
{ étrangères	280	—
Cônes . . . . . . { indigènes	55	—
{ étrangers	40	—
Produits forestiers manufacturés	325	—
Collections diverses	28	—

Total 4,274

3° Spécimens de végétaux ligneux (y compris les bambous) existant dans les jardins.

Végétaux indigènes	470
— étrangers	130

Total 600

4° Jeunes plants existant dans les pépinières.

Plants d'essences feuillues .	{ japonais	947,000	954,000
	{ étrangers	7,000	
Plants de conifères . . .	{ japonais	998,050	1,004,000
	{ étrangers	5,950	

Total 1,958,000

Là-dessus, on emploie tous les ans, pour les exercices des élèves, 390,000 plants, dont 180,000 de feuillus, 160,000 de conifères et 50,000 de bambous.

Chaque année on pourra tirer des pépinières au moins 40,000 sujets bons à planter.

INDEX ALPHABÉTIQUE

*des termes scientifiques et techniques se rapportant aux forêts ou à leur
exploitation, des dénominations géographiques ou administratives, et
des noms de personnes contenus dans le présent travail.*

NOTA. — Les numéros en chiffres arabes auxquels il est renvoyé sont ceux
des paragraphes; les numéros en chiffres romains ceux des annexes.

A

Aberdeen (université d'), 47.

Abies canadensis, 155; — *Douglasii,*
36, 37 ad notam, 39 ad notam, 40,
157; — *firma,* 216, VI; — *Menziesii,* 36, 157; — *nobilis,* 36, 39
ad notam, 40; — *Normaniana,*
36; — *pinsapo,* 39 ad notam; —
Smithiana, 63, 71; — *Veitchii,*
218; — *Webbiana,* 63, 71.

Acacia (genre), 146.

Acacia arabica, 95; — *catechu,* 64,
72, 95; — *elata,* 129; — *Senegal,*
95.

Acajou, 121, 149, 166.

Acer macrophyllum, 157; — *rubrum,* 155; — *saccharinum,* 155.

Acorn Patch, III.

Acuta. Voir *Quercus.*

Adansonia digitata, 73.

Adelaïde (ville d'), 147.

Adina cordifolia, 64.

Afghanistan, 78.

Afrique, 73, 117, 118 à 131, 199, IV.

Agallocha. Voir *Aquilaria.*

Age (baliveaux de l'). Voir *Baliveaux.*
— (futaie d'un seul). Voir *Futaies.*

Agricultural College. Voir *Cirences-
ter.*

Aigle (bois d'). Voir *Aquilaria Agallocha.*

Akyau. Voir *Aquilaria Agallocha.*

Alba. Voir *Quercus.*

Allahabad (ville d'), 112 ad notam.

Alep (pin d'). Voir *Pin.*

Alexander (M. J.), 139.

Alice Holt (bois d'), 14 ad notam.

Allemagne (l'), 22 ad notam, 55, 56,
105, 112, 158, 168, 179, 180,
190, 192, 199, 234.

Allemande (langue), 105, VIII.

Allemands (les), 105, 180, 232, *VII.*
Voir aussi *Allemagne.*

Alpes (les), 22, 37, IV.

Amaltas. Voir *Cassia fistula.*

Aménagement. Passim, notamment
105, 106, 107, 110, 158, 176,
177, 180, 184, 196, IV, VII.

Americana. Voir *Fagus, Fraxinus,
Tilia, Ulmus.*

C

BIBLIOGRAPHIE

I. — Ouvrages et articles de Revues consultés.

BIRDWOOD (Sir George). — *India. Preface to the Catalogue of the Indian Exhibit.* Edinburgh, T. and A. Constable. 1884.

BLOCK (Maurice). — *Annuaire d'économie politique et de statistique.* Paris, Guillaumin et Cie, 1882.

BOPPE. — *A travers les forêts de la Grande-Bretagne.* Réponse à une question posée par Sir Louis Mallet. — Londres, imprimerie de l'*Office de l'Inde,* 1882.

CAMPBELL (Sir James). — *Dean Forest Gloucestershire. Planting and Growth of Trees. Recorded Results for a Century.*

JUDEICH et BEHM. — *Forst- und Jagdkalender.* Berlin, J. Springer, 1885.

LANDOLT. — *Bericht über die Gruppen 27 und 28 der schweizerischen Landes-Ausstellung,* 1883. — Orell, Füssli et Cie, Zürich, 1884.

LEO (Dr Ottomar). — *Forststatistik von Deutschland und Oesterreich-Ungarn.* — Berlin, J. Springer, 1874.

RIEDEL (A.). — *Ueber die Waldverhältnisse der Vereinigten Staaten in Nord-Amerika* (*Zeitschrift für Forst- und Jagdwesen. September* 1881).

SCHLICH (Dr W.). — *Review of the Forest Administration in British India for the year 1882-1883.* — *Simla, Government Central Branch Press,* 1884.

— *Analysis of Returns in Reply to Queries relating to Colonial Timber. Presented to both Houses of Parliament by Command of Her Majesty.* — London, George Edward Eyre and William Spottiswoode, 1878.

— *Annuaire du Bureau des longitudes pour l'an* 1885. Paris, Gauthier-Villars, 1884.

— *Annuaire des eaux et forêts pour* 1885. Paris, *Bureau de la Revue des Eaux et Forêts,* 1885.

— *Catalogue of the Indian Exhibit. at the International Forestry Exhibition, Edinburgh.* — Edinburgh, T. and A. Constable, 1884.

*

SCHLICH (Dr W.) — *Forêts (les) du Canada. Revue des Eaux et Forêts*, année
1879, p. 450 et suiv. Traduit de l'anglais par M. Le Tellier.
—   *International Forestry Exhibition. Edinburgh*, 1884. *Offi-
cial Catalogue. T. E. A. Constable.*
—   *Scottish Arboricultural Society. Transactions.* M. Farlane
and Erskine. Edinburgh.
—   *Statistique forestière de la France.* — Paris, Imprimerie
nationale, 1878.

II. — Ouvrages et Périodiques mentionnés.

BADON-POWELL (B. H.). — *Manuel of Jurisprudence for Forest-Officers*,
1882.
BAGNERIS. — *Elements of Sylviculture, translated from the French by
Messrs Fernandez and Smythies.* — London, W. Rieder
and Son, 1883.
BRANDIS (D[r]). — *Memorandum on the Forest Legislation proposed for Bri-
tish India*, 1875.
BRANDIS (D[r]) and J. L. STEWART. — *Forest Flora of North-West and Cen-
tral India*, 1874.
BROILLIARD. — *La Disette du bois d'œuvre. De la réserve des chênes d'a-
venir.* (*Revue des Deux-Mondes*, 15 septembre 1871.)
Id.   *Les Massifs de sapin et la disette de bois d'œuvre.* (*Ibidem*,
15 avril 1876.)
BROWN (James). — *The Forester, or a practical Treatise on the Planting,
Rearing and general Management of Forest Trees.* 5th *Edi-
tion.* W. Blackwood and Son, Edinburgh and London, 1882.
BROWN (The Reverend John Croumbie). — Ouvrages divers. Voir *Annexe IV.*
BROWN (J. E.). — *The Forest Flora (of South Australia).*
Id.   *Bundaleer and Werrabara Forest Reserves.*
Id.   *Tree Culture in South Australia.*
CANNON (David). — *Manuel du cultivateur des pins en Sologne.* — Orléans,
imprimerie Puget, 1884.
CARS (Comte des). — *L'Élagage des arbres*, 7e édition. — Paris, J. Roth-
schild, 1874.
Id.   *Das Aufästen der Bäume. In's Deutsche übertragen durch
C. Huber.* — Cöln, Dumont Schauborg, 1868.
Id.   *Tree pruning. Translated by Ch. S. Sargent, Prof. of Arbo-
riculture in Harvard College.* — Williams and C°, Boston,
1881.
CHÊNES (George des). — Thèses de doctorat en droit.
COMMINOTTI (Caval.). — Œuvres diverses.
EBERMAYER (D[r]). — Ouvrages divers.

GAMBLE (J. S.). — *List of the Trees, Shrubs and large Climbers found in the Darjeeling District, Bengal,* 1877.
— *Manual of Indian Timbers,* 1881.
GURNAUD. — *La Sylviculture française.* — Paris, Librairie agricole, 1884.
HESS (Dr Richard. — Ouvrages divers.
HOUGH (F. B.). — *Elements of Forestry.* R. Clark and C^o, Cincinnati, 1882.
MAC GREGOR (J. L. L.), — *The Organization and Valuation of Forests on the Continental System, in Theory and Practise,* 8° pp. 313. — London, Wyman and Sons.
MADON (P. G.) — *Forest Conservancy in the Island of Cyprus,* 1881.
MARÉCHAL (G.). — Étude sur les vices des bois. Extrait des *Mémoires de la Société nationale d'agriculture.* — Paris, 1883.
MÜLLER (P. E.). — *Omrids of en Dansk Skovbrugstatistik.* — Kjobenhaven, Jorgensen and C^o, 1881.
Id.   *Studier over Skovjord.* 1 vol. in-8°. — Kjobenhaven, Jorgensen and C^o, 1878.
NEWTON (H.). — *Notes and Experiments on the Timber in ordinary Use.* — Singapore, 1884.
NÖRDLINGER (D^r). — Ouvrages divers.
PUTON (Alfred). — *L'Aménagement des forêts.* Traité pratique, 2e édition. — J. Rothschild, Paris, 1874.
REUSS et BARTET. — *Étude sur l'expérimentation forestière en Allemagne et en Autriche.* — Nancy, Berger-Levrault et Cie, 1884.
REVENTLOW (Comte de). — *Traité d'économie forestière* (en danois).
ROUSSET (Antonin). — Ouvrages divers.
SCHWAPPACH (D^r). —   *Idem.*
SECKENDORFF (Freiherr von). — *Beiträge zur Kenntniss der Schwarzföhre.* 1. *Theil.* — Carl Gerold's Sohn. Wien, 1881.
VASSELOT (Comte de). — *Report of the Forest Administration,* 1881.
VINCENT (F. d'A). — *Report on the Forest Administration of Ceylon,* 1883.
WEISE. — Ouvrages divers.
— *American Journal of Forestry,* 1882-1883.
— *Annual Reports of Forest Department of South-Australia,* 1878-1883.
— *Forest Acts and Regulations of* 1878 (*for South-Australia*).
— *Forestry. A Journal of Forest and Estate Management.* G. and R. Anderson.
— *Journal of Forestry and Estate Management* (*the*). — London, J. and W. Rider.
— *Indian Forester* (*the*). — Calcutta, Central Press.
— *Reports of the Proceedings of Conferences of Forest Officers held at Lahore, Allahabad, etc.,* 1872-1875.

WEISE. — *Reports on Forest Management in Germany, Austria and Great Britain, printed by Order of H. M. Secretary of State for India,* 1873.

— *Reviews of the Forest Administration in the several Provinces under the Government of India.* 13 brochures in-folio, 1871-1883.

— *Timber Trade's Journal and Sawmill Advertiser.*

— *Tidskrift for Skovbrug. Gyldendalske Boghandl.* 1878-1884. 7 vol. in-8°.

TABLE MÉTHODIQUE DES MATIÈRES

Article III. — Littérature forestière anglaise.

CHAPITRE II

INDE BRITANNIQUE (EMPIRE INDIEN)

INDEX ALPHABÉTIQUE

BIBLIOGRAPHIE

Vient de paraître

COURS

DE

TECHNOLOGIE FORESTIÈRE

CRÉÉ A L'ÉCOLE DE NANCY

PAR H. NANQUETTE

DIRECTEUR HONORAIRE DE L'ÉCOLE

ÉDITION ENTIÈREMENT NOUVELLE

PUBLIÉE

PAR L. BOPPE

PROFESSEUR DE SYLVICULTURE A L'ÉCOLE NATIONALE FORESTIÈRE
ANCIEN ÉLÈVE DE CETTE ÉCOLE

UN VOLUME GRAND IN-8° AVEC 3 PLANCHES EN COULEURS HORS TEXTE
ET 92 FIGURES DANS LE TEXTE

Prix, broché : 10 fr.
Cartonné en percaline souple : 11 fr. 50 c.

Nancy, impr. Berger-Levrault et Cⁱᵉ.

www.ingramcontent.com/pod-product-compliance
Lightning Source LLC
Chambersburg PA
CBHW061345060726
47597CB00003B/729